U0237839

国家自然科学基金（71873018）
北京市属高等学校高层次人才引进与培养计划项目（CIT&TCD20170310）

中国重大动物疫病公共风险评估及其政策选择研究

何忠伟／著

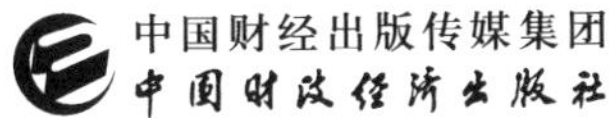

中国财经出版传媒集团
中国财政经济出版社

图书在版编目（CIP）数据

中国重大动物疫病公共风险评估及其政策选择研究 / 何忠伟著. -- 北京：中国财政经济出版社，2020.11
ISBN 978-7-5223-0081-8

Ⅰ. ①中… Ⅱ. ①何… Ⅲ. ①兽疫－疫情管理－风险－评价－中国②兽疫－疫情管理－政策选择－研究－中国
Ⅳ. ①S851.33

中国版本图书馆 CIP 数据核字（2020）第 182904 号

责任编辑：张怡然　高　青　　　　责任印制：张　健
封面设计：陈宇琰　　　　　　　　责任校对：胡永立

中国财政经济出版社 出版
URL：http：//www.cfeph.cn
E-mail：cfeph@cfeph.cn

社址：北京市海淀区阜成路甲 28 号　邮政编码：100142
营销中心电话：010-88191522
天猫网店：中国财政经济出版社旗舰店
网址：https：//zgczjjcbs.tmall.com
北京财经印刷厂印刷　各地新华书店经销
成品尺寸：170mm×240mm　16 开　15 印张　210 000 字
2020 年 11 月第 1 版　2020 年 11 月北京第 1 次印刷
定价：68.00 元
ISBN 978-7-5223-0081-8
（图书出现印装问题，本社负责调换，电话：010-88190548）
本社质量投诉电话：010-88190744
打击盗版举报热线：010-88191661　QQ：2242791300

前言

QIANYAN

近年来，全球重大动物疫病防控问题备受关注、重大动物疫病防控工作不断强化，社会热点话题不断围绕重大动物疫病的发生而展开。由于传播方式的不同，人兽共患病的高致病性、高传播性、高死亡率的特点，禽流感、鼠疫、口蹄疫等公共卫生事件，引起了社会各界的高度关注，并危及社会稳定和人们的正常生活。作为这些突发性公共事件罪魁祸首的重大动物疫病，正随着经济发展及公众消费结构的转变，通过食物链，将更多的人暴露在其风险之下，引起了更广泛人群的关注和反应。

食品是人类生存的必需品，食品安全直接影响着人类的健康与发展，关系着人类文明与进步。近年来在欧洲发生的疯牛病、口蹄疫以及首次传入中国的非洲猪瘟疫情事件极大地威胁了公共卫生安全，对人类文明、对中国的经济、对消费者食品安全产生了重大冲击。

中国已经是畜牧业生产大国。2018 年中国肉类产量 8517 万吨，总产量占世界总产量三分之一左右，其中猪肉产量 5404 万吨，占到一半以上。人均肉、蛋消费量远远超过世界水平，动物性食品已成为国民的主要食物来源。虽然中国的畜禽养殖具有较大的优势，但畜禽产品却缺乏国际竞争力，究其原因在于，中国畜禽产品质量和卫生方面与国际标准相比仍有较大差距，难以将生产优势转化为市场竞争优势。很多国家的实践证明，风险分析是实施动物卫生科学管理的重要手段，也是对动物卫生事件进行预防性风险的一种通用工具。中国重大动物疫病种类繁多、传播迅速、危害性大，防控更加困难。这都对中国重大动物疫病防控工作提出了更高的要求，了解和完善中国重大动物疫病防控体系，提升重大动物疫病预防和处理的能力，刻不容缓。

近年来，中国高度重视动物疫病防控工作，不断优化防控措施、设施、技术等，取得了一定的成果，但重大动物疫病防控仍面临不小的挑战。随着重大动物疫病防控工作的不断推进，中国政府加大了对重大动物疫病防控的资金投入，同时吸纳更多优秀人才到疫情防控队伍中去。政府重大动物疫病防控体系也在逐渐完善，从省级动物疫病预防控制中心到国务院的各级防控机构，严格规范疫情上报流程，提升工作效率，缓解疫情的传播。为了更加有效地防控重大动物疫病，中国出台了许多政策加以支持。

本书的主要目的是在了解中国动物疫病公共风险现状的基础上，从不同利益相关主体防控政策选择方面进行分析，进而揭示存在的问题。通过厘清中国重大动物疫病公共风险现状、对中国重大动物疫病信息出炉与方法展开创新研究，本书明确重大动物疫病下不同利益主体间的协同权责关系，并对不同主体防控行为决策进行了进一步的实证研究分析。最后，根据研究结果，提出优化措施，有助于提高中国重大动物疫病的防控水平，为国家制定相应的疫情防控政策提供参考。

在调研与写作过程中，得到了国家自然科学基金（71873018）、北京市属高等学校高层次人才引进与培养计划项目（CIT&TCD20170310）的支持，学习与借鉴了一些专家学者的研究成果，张华颖、徐伟楠、李子菲等研究生做了大量研究工作，在此一并感谢。此外，在研究过程中难免涉及多学科的知识与方法，由于时间仓促，加之笔者水平学识有限，本书有纰漏之处，还望读者批评指正。

作者

2020 年 5 月

目录

MULU

第一章

中国重大动物疫病相关概念与理论基础

第一节　相关概念界定

一、重大动物疫病

由细菌、病毒等病原体引起的动物传染病和寄生虫病称为动物疫病。其中有一类是人兽共患病，该类疫病既在畜禽中传播，影响养殖业的生产安全，又在人类中传播，威胁人类生命健康。国务院于 2005 年 11 月出台《重大动物疫情应急条例》（以下简称《条例》）。该《条例》中，将“重大动物疫情”定义为“高致病性禽流感等发病率或者死亡率高的动物疫病突然发生，迅速传播，给养殖业生产安全造成严重威胁、危害，以及可能对公众身体健康与生命安全造成危害的情形，包括特别重大动物疫情”。目前，动物疫病的类别主要包括国际认定的动物疫病与我国认定的动物疫病两种大的类别。2014 年通过国际委员会决议和各区域委员会建议发布的指示，世界动物卫生组织（英语：World Organization for Animal Health；法语：Office international des épizooties，OIE）总部建立了单一的世界陆生动物、水生动物卫生的疾病列表，通过对疾病进行分类，分析具体危害，给所有列出的疾病以同等程度的关注度，在国际贸易中赋予疾病相同的重要性。我国在认定动物疫病方面，1999 年农业部根据动物疫病对养殖业生产和人类健康的危害程度，编制了《一、二、三类动物疫病病种名录》，将动物疫病分为三类，按照法律和国务院的规定采取相应的应急处理措施。

二、风险

最早对风险进行解释和研究的是 1901 年美国学者威雷特，他在博士论文中将“不希望发生的事件随机的客观体现”表述为风险（冯冠胜，2004）。1921 年美国经济学家奈特在《风险，不确性和利润》一书中提出，风险就是概率型随机事件的不确定性，这是首次明确提出风险与不明确性之间的关系。1990 年，《风险管理与保险》中，明尼苏达大学教授威廉姆斯将风险界定为：在一定的时期内，发生损失以后可能出现的一些变动。贝克等一批社会学家认为，“风险是一种假设，而不是具体发生的事件”。根据贝克等人的观点，风险是人们根据自身经验设想的，是在特定生活环境、文化水平以及风险意识感知的情况下构建的，这说明风险具有社会属性（薛晓源和刘国良，2005）。从不确性的视角来认识风险的还有吉登期，“人为制造的不确定性”是他认为的现代社会的风险。他认为，问题的所在由生活环境的难以预测向不可预测的根源发生转变。中国学者顾镜清曾在《风险管理》一书中指出：风险不一定发生，因此不一定造成损失，它只表示损失发生的可能性。在损失可能性的基础上，还有一批学者将风险定义为损失发生的概率。风险通常是指一系列未知事件可能会发生、不发生，产生后果的严重、不严重的组合，是不确定事件的集合，而不确定事件是服从某种概率分布的。

三、公共风险

还有一种损失的可能性称为公共风险，其有别于平常理解的风险，公共风险是以损失的承担来区分的。一种风险的存在与风险损失的承担主体是对应关系，即有风险必有承担。如果承担风险损失主体为“私人”或单个企业，称其为私人风险；如果一种风险的损失出现，承担风险的主体为公共主体，如政府、社会、群体，或者因个人或企业无法承担而只能由公共主体国家、政府来承担，这样的风险称为公共风险。风险按照属性、化解或防范的方式可分为私人风险和公共风险（吴俊英，2005）。前者是指只影响单独个体，没有连续效果的风险，这种风险具有偶然性，其影响也具有孤立性。

（一）私人风险解释

私人风险在一个区域发生，不能由此推测出该风险将在另一处也发生（刘尚希，2002）。社会中个人和企业是这种风险的主体，其防治手段也只涉及经济市场的运作，并不需要宏观层面的重大变动。例如，市场中保险行业通过商业险等保险种类，对个人的重大疾病、财产损失、意外伤害等提供保险，个人在期望损失判断下以投保来减少损失；而企业通过改善管理模式、吸引人才、完善设施等措施降低风险损失。

（二）公共风险解释

产生的社会影响较大、外部性的后果较强，且只能由政府通过公共财政、行政命令等手段的运用出面解决，个人、企业均无法承担，也无法通过市场机制来化解和防范的风险称为公共风险，如禽流感、SARS、贫穷等。公共风险具有三个关键特征：公共性、关联性和隐蔽性。公共性又称为不可分割性，是指因公共风险造成的损失不能通过简单的市场运作调解消除，从而公共成为风险的承担主体；关联性又称为传染性，具有同等概率，即公共风险对于社会公众而言是不可避免的；隐蔽性则是指公共风险的风险因素在潜伏期间极其不易被发现，通常情况下在暴发期阶段才会被利益承担主体察觉。

四、风险认知

个体对外界的各种客观风险的主观感受、经验和认识称为风险认知（perception of risk），属于心理学范畴（谢晓非和徐联仓，1995），包括个体对风险的评价和判断。经验是影响个体风险认知的重要因素。谢晓非和徐联仓（1996）认为，风险认知是人们在发现风险时的直接反应，个体对外部环境中存在的各种意外伤害的本能感受和判断。

西特金（Sitkin）和巴勃罗（Pablo）从决策者角度给出的风险认知定义为：风险认知是风险承担主体对风险发生的概率、损失的不确定性、风险的可控范围的一种描述。与其相似的还有西特金（Sitkin）和魏因加特（Weingart），他们提出风险认知是个体通过对风险发生的判断、损失的可能性、损失大小以及风险大小进行考察。斯乔伯格（Sjoberg，2004）及其同事通过对风险认知的深入研究，提出风险认知是人们对风险的本能反应，并提出风险认知包含两个维度：对风险发生概率的评估和对风险损失的严重性及其大小的判断。

卡尼曼和特沃斯基（P. Kahneman & A. Tversky，1981）研究发现，公众对突发风险事件感知的敏感度与脆弱性与其行为之间存在明显的联系。斯拉夫（Slavic，1987）等多位学者共同提出了风险认知的测试范式，并利用计量经济学模型筛选出 2 个影响风险认知的因素，即可控性与熟悉程度，更进一步提出了可控性与熟悉程度越高，公众的风险认知越低，反之则越高。

对风险认知的研究不仅有利于理解社会公众风险行为决策，也为政府对重大动物疫病风险处理与决策提供有力依据。风险认知的影响因素较多，比较常见的是公众判断风险损失的危害程度、风险持续时间、风险大小以及风险可控性的强弱程度等。

五、重大动物疫病公共风险

根据对公共风险的阐述可以推断出重大动物疫病公共风险也具备公共风险的三个基本特征，即公共性、关联性与隐蔽性。重大动物疫病公共风险的公共性取决于其外部性，而这里的外部性主要指对风险的损失结果的承担主体的外部性，也可以通俗地理解为在参与经济活动中的群体（包括社会团体组织与个人），产生损失与承担损失的主体可以是不同的，即风险发生的承担者与风险结果的承担者存在不一致性。具体来说，畜禽养殖者在生产的过程中遵循经济学“经济人”概念，会希望得到最大利润，由此可能产生在不合理的情况下，降低生产成本、出售染病畜禽产品、不按时对畜禽进行检疫、不购买疫苗或药物等外部性行为。

由此可以发现，动物疫病的发生虽是因为养殖户不合理的行为产生，但危害程度不仅局限于养殖业，与全体社会公众的利益也有密切联系，一旦重大动物疫病暴发将对社会经济与公众身心健康造成极大威胁，因此重大动物疫病具有公共性的特征。重大动物疫病公共风险还具有关联性，根据经济学社会分工的不同也对公共风险扩散有重要影响。畜禽产品在生产和销售的过程中涉及诸多分工，包括生产养殖、物流运输、初期屠宰、后期加工以及社会销售等各个环节，上述环节不可避免地环环相连。由此一个地方有动物疫病暴发，极有可能在运输过程中出现跨地区传播现象，可能在屠宰、加工和销售环节将疫病扩散给人类，造成利益相关者与整个社会不可估量的损失。

六、公共危机

赫尔曼于1978年对“危机”的定义作了阐述，他认为危机的出现通常是意料之外的，主要是决策主体的行为受到威胁并要在短时间之内作出合理的决定。韦伯则认为：“危机是有可能变坏也有可能变好的转折点或关键时刻。”故在韦伯看来不能单纯从负面角度看待危机，它既是挑战也是机遇。国内学者张成福认为：危机是一种紧急的状态或事件，危机的出现对社会的稳定与正常运作造成了严重的冲击与影响，其超出了社会、政府正常状态下的管理范围，并对公众身体健康、社会经济、环境卫生造成严重威胁损害，在此情况下要求社会和政府应用特殊措施加以应对。综上所述，本书对公共危机的含义作如下总结：公共危机是在突发状态下，能够对公众生命财产安全、社会平稳运行、自然社会环境造成严重威胁冲击的超出常态管理能力下的需采用紧急特殊处置措施加以应对的一种紧急事件或状态。

七、公共危机管理

公共危机管理是公共管理的一种特殊状态与形式。因为公共危机的发生可能对社会和经济平稳运行、国家安全造成重大威胁，公共危机管理即是通过建立起危机应对机制，对公共危机采取一系列的防范、化解等措施，进而维护社会平稳运行、保障人们正常生产、生活活动的管理形式。依据公共危机管理的3C原则（关心、沟通、控制），公共危机管理可进一步演化为指挥、控制、沟通三种活动。传统公共危机管理具有预防性、应急性、权变性、综合性四大特征，而在新媒体环境下的公共危机呈现出了高透明度、围观范围广的特征，因此新时代对公共危机管理提出了新的要求。

八、重大动物疫病防控体系

重大动物疫病防控体系是一个综合的系统，是政府和养殖户等多个作用主体相互连接而成的有机整体，主要是指一个国家为了防控动物疫病而建立的动物卫生管理体制以及保证其高效运行的支持系统的总和。重大动物疫病政府防控体系是以兽医管理体制为核心，以动物疫病监测预警、应急管理、出入境检疫等系统为支撑，以科学的动物疫病防控技术为保障的有机整体。其中，兽医管理体系是指通过一定的手段，实施宏观管理和执法功能，实现依法治疫，保障畜牧产品全程监管，确保质量安全，有效控制动物疫病的管理体系；动物疫病监测预警是指通过检测分析等手段，提前获取动物疫病即将发生的信号，对相关部门进行通报，以便提前采取防控措施的过程；动物疫病应急管理是指针对暴发的重大动物疫病，运用法律、行政、管理等手段，通过应急准备、应急处置、应急恢复环节进行综合管理和控制；动物疫病出入境检疫是指通过法律、技术等手段，对可能感染特定动物疫病的动物及其产品采取检验检疫措施；养殖户疫情防控归属于防控体系中另一主体的防控行为，是整体防控体系中很重要的一部分。

第二节 相关理论基础

一、风险评估理论

（一）风险与风险评估

风险的概念从某种意义上来讲其所关注的总是与未来、可能性以及还没发生的事情有关（Elms，1992）。英文中的“风险”（risk）一词是由意大利语中的“riscare”一词在17世纪60年代演化而成，该词的意大利语本意为在充满危险的礁石之间航行，说明风险总是与未来所发生的事情有关。

作为风险管理中重要的组成部分，合理界定“风险评估”的概念首先需要明确“风险分析”与“风险评价”的定义。据国际电工委员会（International Electro technical Commission，IEC）的标准，“风险分析”是在系统利用既有信息的基础上，对风险进行识别，并预测其对人员、财产和环境的风险。风险分析包括定性分析与定量分析两种方法，定性风险分析对风险发生的概率和后果通过定性的方法进行确定，定量风险分析则对风险概率及后果进行数学估计，必要时还要考虑相关的不确定因素。而“风险评价”则是在风险分析的基础上，综合社会、经济、环境等各方面因素，判断风险的容忍度的过程（IEC 60300－3－9，1995）。

（二）全球动物疫病风险评估的发展

自1920年牛瘟从印度传入比利时后，疫情迅速在欧洲范围内大规模蔓延，动物产品进口所造成的损失开始引起人们的广泛关注。1929年后，美国在暴发口蹄疫疫情之后通过了《斯姆特－霍利关税法》（*The Smoot－Hawley Tariff Act*），宣布禁止从有口蹄疫国家进口偶蹄动物及产品，对相关动物、肉食产品的贸易活动进行诸多限制。这一方面体现了对于可能引发的动物疫病风险管理的思想；另一方面，这一近乎“零风险”的管理模式也引起了国际社会广泛的争议，一些国家借此通过动植物检疫变相制造贸易壁垒来限制相关农产品的进口，进而保护本国农产品产业，这对国际贸易活动的正常进行无疑是一种阻碍。

关税及贸易总协定（General Agreement on Tariffs and Trade，GATT）乌拉圭回合谈判之后，动物疫病领域受到了广泛的关注。乌拉圭回合谈判过程中，降低各国之间有关农业方面的贸易壁垒是农业领域谈判的主要诉求，即一国为保护本国产业而采取隐蔽性强的非关税壁垒措施，如借用卫生与动植物卫生的检疫变相设置不利于外国出口的技术标准。基于这一诉求，《实施动植物卫生检疫措施的协议》（*Agreement of Sanitary and Phytosanitary Measures*，简称《SPS 协议》）在农业贸易有关谈判时应运而生，这一协议作为世界贸易组织规则的一部分规定，于 1995 年 1 月 1 日正式生效。简而言之，《SPS 协议》旨在解决贸易自由化与借助动植物检疫对贸易的阻碍这一矛盾，是对实施卫生保护措施时应考虑的因素的澄清，即减少政府在动植物卫生检疫方面所作出的不合理的决定。在《SPS 协议》中，风险评估作为成员制定卫生和动植物卫生措施的重要原则，成员应结合生物学因素和经济学因素进行风险评估。但《SPS 协议》将风险评估原则的首要目的明确为保护人类生命或健康，其次为不能对国际贸易构成不必要的障碍。

《SPS 协议》中，“风险评估”被定义为：“进口成员根据可适用的卫生检疫措施，在境内对疾病进入、生存、传播的可能性及相关的、潜在的生物和经济后果进行评估；对食品、饮料、饲料添加剂中污染物、毒素或者致病组织的存在引起的对人类健康的不利影响的潜在问题进行评估。”《SPS 协议》强调各成员在进行风险评估时要根据科学和有证据的原则，保护人类生命健康，同时也不能对国际贸易设置不必要的障碍。

（三）风险评估原则

通常来讲，风险评估的客观性、风险评估过程的规范性、评估方法的科学性是风险评估的三个原则。其中，影响风险预防和监控实施的关键在于风险评估的质量，其目的在于进行科学的风险预防和风险监控。所以，在风险评估过程中，遵从客观性的原则是进行科学评估的基础，决定着评估质量的好坏，应在风险评估的过程中避免主观臆测，保证真实客观。

在不同的实际应用中，不同的风险评估方法都有自身的优缺点，故适用条件不同，因此要根据不同的应用场景选择能反映实际情况的、科学的风险评估方法，根据评价对象的特点与目标要求做出科学的选择。

确保风险评估过程的规范性是保证风险评估客观性和科学性的前提，也是保证评价结果公平公正的关键，因此要做到评价过程中每一环节每一步骤的规范、公开与可监督，要根据评估过程的规范性制定和实施一套规范的评价程序。

二、应急管理理论

（一）应急管理的定义

“应急管理”这一词汇源自英文“emergency management”，国外在这一方面的研究相对较早，但是因不同的科学领域对于“危机”的界定尚存差异，故对“应急管理”的内涵也尚无明确的定义。这一概念的提出最早是基于政府应对系列社会自然危机的情景，此后在诸多领域均有对“应急管理”的研究，不少学者也对相关领域“应急管理”的内涵从其学科角度做了系统界定。综合不同的观点，本书总结认为，“应急管理”这一概念包括如下两方面含义：一方面在于对应急管理的目的和目标进行阐述；另一方面在于说明应急管理的运转流程与行为准则。

美国咨询家认为应急管理的目的在于保证社会可以承受由技术风险或环境所引发的各类灾害，在这一解释层面，应急管理的定义类似于风险管理，其都在于实现社会与技术环境及技术风险的三者共存；罗伯特·希斯（2004）认为，减少因突发事件带来的危害范围是应急管理的目的，减少其所导致的影响，是对突发事件自发生起的全过程管理。除此之外，国外不乏在大量实践基础上的应急管理部门对应急管理概念进行的总结。联合国国际减灾战略（International Strategy for Disaster Reduction，ISDR）提出：应对突发事件要构建一个包括制订各类计划、组织与流程的多主体共同协作的全方位应对网络，其中，“应急管理”就是上述组织与管理应对突发事件的一系列管理方法；由美国联邦应急管理局（Federal Emergency Management Agency，FEMA）出版的《美国危机和紧急情况管理手册》认为：

应急管理是相关管理部门通过整合社会可用的资源以分析、决策、规划等方式对突发事件的各类可能造成的危险进行响应与恢复。

应急管理作为近年来在国内新兴的一门学科，研究成果逐渐丰富，不同的学者对于应急管理的含义有不同的理解。董传仪认为应急管理是指在危机调查的基础之上，针对矛盾化解、损失减少、利益协调等方面制定系列措施，其是对传统危机管理思想的沿袭，是重塑组织形象的危机管理过程；中央行政管理学会学者认为政府应对突发公共危机事件所做的一系列有计划、有组织的管理措施的过程就是应急管理；孔令栋认为危机管理是为了避免或减少突发危机事件所造成的损害，在危机事件发生的全过程通过科学的决策方式制定合理的应急措施，以应对突发危机公共事件的管理。

（二）应急管理的特征

应急管理有目标明确性、利益公共性、政府主导性、社会参与性、决策风险性、权力强制性、管理局限性等特征。

（三）应急管理的功能

应急管理从不同方面来讲具有不同的功能。从政府管理方面来讲，应急管理能加快实行应急管理问责与绩效管理制度，提升政府形象，提高政府公信力，增强公众的民主意识与公共意识；经济方面，应急管理可以促进经济管理发展规划继续实施，减少或避免生命财产损失，重新改善投资环境。

（四）应急管理基本原则

以人为本、减少危害、居安思危、预防为主、统一领导、分级负责、依法规范、加强管理、快速反应、协调应对、依靠科技、提高素质是实行应急管理的基本原则。

三、外部性理论

关于外部性理论的研究涉及经济学、哲学等多个领域，从起源看，应当将其归属为经济学领域。外部性理论首先由亚当·斯密提出，他认为一个人追逐自身利益时，会受到市场的影响，使其得到目标之外的利益，这个额外的利益就是所谓的外部性。外部性包括两种，分别是正外部性和负外部性。正外部性又称外部经济，是指一些人付出可能会使另一些没有付出的人不劳而获，付出的人不能向后者索取任何报酬。负外部性又称外部不经济，是指一些人错误的做法可能会损害他人的利益，但并不能给予补偿。当市场不能进行有效调节时，需要依靠政府采取补贴、税收等方式对经济加以干涉，解决经济活动中存在的外部性问题。

政府和养殖户作为社会中的经济主体，其行为都存在外部性。政府针对重大动物疫病防控出台了许多政策和措施，控制动物疫病的暴发和传播，维护社会公共安全，消费者从中获益很大，保障了身体健康，体现了正外部性。政府为了防止疫情扩散，必须对染病动物和疑似染病动物进行扑杀、掩埋处理，使养殖户承受了巨大的损失，体现了负外部性。养殖户从事养殖活动过程中，会存在个别养殖户为了降低成本和获得高收益而拒绝实施防控措施、出售病畜等行为，损害其他养殖户的利益，然而这些养殖户并没有办法给予被伤害的养殖户赔偿，这也是负外部性。

四、动物疫病流行病学理论

动物疫病流行病学是指通过动物疫病在畜禽中的发生规律来制定控制和消灭动物疫病对策与建议的科学理论。动物疫病流行病学是通过对动物疫病的不断了解、斗争、克服发展而来。动物疫病流行病学的研究范围是某一地区动物疫病的种类、分布和流行情况；某种疫病在一定地区的分布和流行情况；动物疫病的发病机理；病原的性质、功能和传播媒介；动物疫病流行的影响因素等。通过对动物流行病学的调查分析，可以了解动物疫病的病因和发病机理，分析影响疫病流行的因素，有效地预防和控制动物疫病的流行，探索新的防控手段。

五、信息不对称理论

信息不对称理论由迈克尔·斯彭斯、约瑟夫·斯蒂格利茨和乔治·阿克尔洛夫三位美国经济学家提出，是指在市场经济活动中，不同人员对于相关信息的了解有一定的差异。掌握信息充分的一方可以传递信息给掌握信息贫乏的一方来获得报酬。信息不对称体现了信息的重要性。在市场中，人们获得信息量和渠道的不同会导致其承担不同的风险和收益。在重大动物疫病方面，信息不对称可以充分体现在政府掌握的关于重大动物疫病的信息远比养殖户和消费者多。政府可以掌握最新动物疫病动态、出台相关政策、采取疫情防控措施等，信息量大、范围广，政府还会通过选派专家传授养殖户专业养殖信息、养殖技术来获得利益。养殖户了解的重大动物疫病信息相对较少，大部分局限于本地区，对全国疫情情况并不了解，对于国家的相关政策也了解较少。消费者针对动物疫病方面掌握的信息最少，只有造成严重社会影响的动物疫病才会受到消费者广泛关注并引起重视。

六、利益相关者理论

约瑟夫·斯蒂格利茨首先提出利益相关者理论（stakeholder theory）。1965 年，安索夫（Ansoff）认为，企业制定的目标，需要充分满足内部不同利益相关群体的要求。目标的利益群体包括公司股东、内部管理层、雇佣工人、产品购买者以及材料供应者。1984 年，弗里曼在已有的利益相关者定义的基础上将其理解向外延伸，认为在企业实现既定目标的过程中，任何可能影响该目标实现的群体都是其利益相关者。克拉克森从资产的角度将利益相关者定义为，对企业生产过程中提供的固定资产、流动资产以及人力等，并且对企业的盈亏承担风险的群体。

仅仅对利益相关者的概念进行定义还远远不够，进一步研究需要对其进行分类：

（1）弗里曼（Freeman）从经济层面对利益相关者进行分类，分为所有权群体、经济依赖性群体和社会利益群体。所有权群体为公司股东、董事会；经济依赖性群体是内部管理层、雇佣的工作人员、产品购买者、供应商、债权人以及同类竞争公司等；社会利益群体是一类特殊群体，指政府机构和大众媒体等。

（2）米切尔（Mitchell）对利益相关者提出了更准确的分类标志，根据合法性、影响力、紧迫性 3 个属性标准。合法性是指利益相关者的行为是否有政策和法律的支持；影响力是指不同利益相关者的群体有不同的作用，有些利益相关者具有某种象征性和影响力，这种力量能够影响企业的决策和生产；紧迫性是指利益相关者群体中的某类群体会要求上层领导者对他们利益要求给予的急切关注或者响应的时限要求。根据 3 个属性标准，将其利益相关者划分为 3 种类型：①确定型利益相关者（具备 3 个属性）；②预期型利益相关者（具备其中 2 个属性）；③潜在型利益相关者（只具备 1 个属性），如图 1－1 所示。

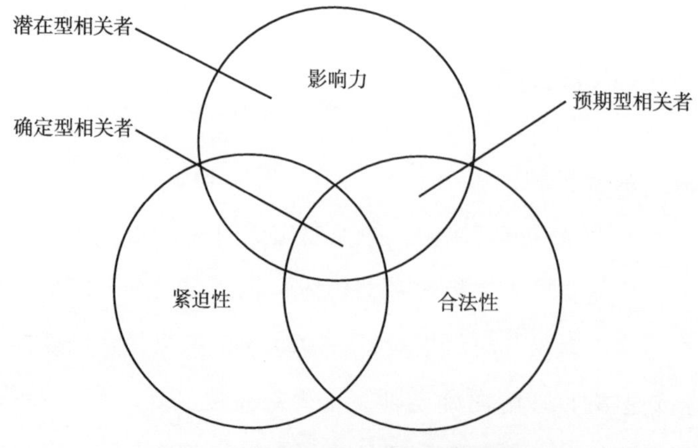

图 1－1　米切尔利益相关者属性划分

七、前景理论

1979 年，卡姆马姆（Khammam）和特韦尔斯基（Tversky）结合对期望效用理论体系的修正提出前景理论（prospect theory）。该理论的核心思想为：个体不同的风险预期下的期望价值决定他们的决策行为，而不确定事件所对应的由福利大小或财富决定的价值函数和不确定事件发生概率的决策权重决定期望价值。他们在研究总结的过程中采用问卷调查和实地取样并进行证实假设的方法，提出价值函数和决策权重函数的特点。1992 年，他们结合个人决策的跨时期问题，对该理论进行拓展，并提出累积的前景理论。累积的前景理论用累积概率替换个别概率，并将传统效用函数的概率进行转换。在保留初期前景理论重要特征的基础上，引入一个两阶段的累积泛函数，使得决策权重的数学表达形式更加简便。累积前景理论在收益和损失中融入的累积泛函数，可对任何数量结果的不确定风险赌局进行研究，提供风险和不确定分析的统一框架。

在前景理论的基础上，风险决策者的主要决策过程为编辑阶段（editing）和评估阶段（evaluation）。前者是决策者前期准备工作，包括信息搜集与整理等，规定决策参与过程的参考点，进而对需要进行决策的行为进行编辑，若决策结果高于确定的参考值，则标记为正向收益；反之，则标记为负向损失。该阶段主要有编码、整合、分解和消除等。后者评估阶段主要根据筛选出的决策方案进行评估，将前景价值（V）最优的决策方案确定为最终的决策结果。其中，前景价值（V）包括价值函数 $v(x)$ 和权重函数 $\pi(p)$ 两部分。即：

$$V = \sum_i \pi(p_i) \cdot v(x_i)$$

其中，p_i 是事件 i 发生的客观概率，x_i 是事件 i 发生后决策主体所得收益与参照点的差值。

八、风险的社会放大框架

1988 年，克拉克大学的卡尔森（Karsperson）夫妇、雷恩（Renn）决策研究所的保罗·斯洛维奇（Paul Slovic）与其同事在解决风险认知与传播过程中造成的零敲碎打、条理不清的状况时，共同创立了风险的社会放大框架（Social Amplification of Risk Framework，SARF）。该框架主要是对灾害或事件的风险评估做出解释。例如，疯牛病、转基因食品、禽流感等是经过怎样的过程发展为社会的热点问题或社会政治活动的重点，也就是风险放大，或者部分专家评估为更为严重的事件或灾害，如吸烟、交通事故等，为何得到的关注度却较小。

社会放大理论的起点建立在一个假设的基础上：如果某个实际或假设的意外、事故事件的风险并不被人们察觉并传播，则该风险不会产生影响。该理论认为，风险及风险事件作为传播过程的关键，其风险的信号经意外与事故事件进行刻画，并经过心理、制度、文化和社会等因素的相关作用、相互影响，使个体的风险认知产生风险行为（Pidgeon et al.，2010）。这些行为反应又会对社会和经济进行反馈，产生新的后果，并且后果所产生的影响远大于风险或风险事件本身的危害。

九、协同理论

20 世纪 70 年代初，“协同学”的概念真正产生，系统内部从无序到有序状态演化过程以及探究其中演化规律是“协同学”的主要研究内容，该学科综合性强，适用于其他领域的相关学科。研究系统自组织出现和演化规律的过程，为“协同学”的本质。一个复合系统由许多复杂非线性发展的子系统组成，这些子系统相辅相成，又因内部或外部条件的共同影响，子系统之间由于非线性作用产生协同，促使整个系统在某个时空上形成自组织结构。协同现象主要表现为某个系统的发展呈现良性循环态势，即系统内部通过相互配合、相互作用的发展过程，促进系统总体目标演进。协同作用就是社会系统中的子系统之间的相互作用和自组织行为，并对系统整体作出贡献，该贡献再推动系统持续向前发展。“协同学”学科的出现给人们研究系统发展带来了新的方向，为人们处理各个学科系统问题提供了新思路。

| 第二章 |

中国重大动物疫病国内外研究现状

第一节　国外研究现状

一、公共危机理论研究

重大动物疫病公共危机亦属公共危机的范畴，20 世纪 60 年代，基于企业管理与组织运行，美国学者提出了危机管理的概念，而对于危机管理，不同学者有不同的概念解释。查尔斯・赫尔曼（Charles Herman，1969）将危机定义为一种处于威胁状态下的情境；史蒂文・芬克（Steven Fink，1979）将危机管理定义为一种规避危机风险的方式，是预测、分析、化解、防范危机以及对危机产生因素所采取的行动，认为危机是“对于组织前途的转折点”，此外芬克具体将危机管理划分为：危机防范、危机处理及危机总结具体 3 个管理阶段；乌尔里希・贝克（Ulrich Beck，1986）认为随着社会的发展与进步，不确定性与不可预测性日益增多，人们无法避免地会面临更多的风险。据此，贝克提出了风险社会的理论。聚焦至管理学范畴，米特罗夫（Mitroff）、什里瓦斯塔瓦（Shrivastava）和乌德瓦迪亚（Udwadia，1987）构建了较为系统的危机研究思路，并提出了“原因、结果、预防措施与应对措施”的 4C 框架；乌里尔·罗森塔尔（Uriel Rosenthal，1989）与前人不同，其将着眼点落在公共危机的不确定性和时间紧迫性，并以这两个特性为重点，重新定义公共危机。

二、针对动物卫生管理体系建设的探索和总结

瓦卡马特苏（Wakamatsu N，2006）提出，建立起一个健全的动物卫生防疫体系需要形成兽医组织管理系统、疫情监测报告系统、法规制度系统、诊断与流行病分析系统、应急反应系统与支持保障系统这六大子系统。弗莱明（Fleming D. M.，2012）对英国近 40 年来的禽流感疫情资料数据进行了分析研究，认为英国禽流感防控的关键在于疫情的监控机制建设是否得当，而仅禽流感防治疫苗的快速发展并未使得英国禽流感疫情防控有实质性的突破。从相关领域的诸多学者的研究中可见，关于疫情信息系统的研究日益重要，学者从动物流行病学、电子信息科学、地理信息系统科学等多学科角度对动物卫生管理体系建设展开研究，围绕疫情的时空分布特征、疫情风险评估、信息技术模拟等方面进行深度分析，足见其重要性。但这些研究所涉及的动物疫病种类较少，是否适用于相关的决策分析仍有待证明。

三、风险评估方面的研究

人类积极不断地探索应对风险的方法正是基于风险的客观存在性，并于 20 世纪 30 年代产生了现代风险管理研究理论。美国学者格拉尔（Russell B. Gallagher，1952）在其调查报告《费用控制的新时期——风险管理》中首次使用“风险管理”一词。风险管理（risk management）最初应用于经济学、工程科学领域，其目的在于将风险环境中的目标对象可能受

不良影响的工作降至最低的过程。国外对风险的研究首先是在自然科学领域展开的。随着1979年三里岛核电站事故、1984年的博帕尔事件和1986年的切尔诺贝利事件所造成的巨大影响，科学技术风险管理的局限性凸显了出来。20世纪80年代以来，随着美国《风险分析》和欧洲《风险研究期刊》的出版，风险管理和风险交流理论以及风险实证研究的体系在国际上逐渐形成。风险认知是风险评估的基础，斯洛维奇（Slovic，1987）在对风险认知进行了大量研究的基础上，提出：恐惧、未知性、暴露于风险下的人数，这三个风险特征是影响公众风险认知的最重要的因素，从而风险的三因素模型也由这三个要素构成。在此以后，国外各领域学者围绕隐匿的风险（被高度弱化的风险）在风险评估方面进行了广泛的研究。

风险理论研究的分水岭出现在1986年。德国社会学家乌尔里希·贝克首次在《风险社会》一书中提出“风险社会”的概念，并提出人类已经处于风险社会之中。在他提出这一概念之前，各领域风险研究处于各自为阵的情形，贝克首次打破了这一状态，从哲学的视角指出置身于社会中的每一主体都暴露于各种不确定的风险之下，并解释了人类社会中工业技术发达程度与危险程度呈正向相关的原因。该理论的提出引发了全球范围内学术领域的轰动，大量的学者对全球化、信息化、多元化的风险隐患进行了研究。贝克的理论研究将现代风险管理理论推向更广更深层次的地位，引发社会各界对风险理论的探讨。

在风险评估方法选择与风险评估影响因素的研究方面，陈艾迪等（Eddie W. L. Cheng et al.）学者针对我国香港建筑行业的风险，运用因子分析与多元线性回归分析的方法进行了风险评估，得出评估结果并在所得的15项影响因素中提取了3项主成分因素。李恩昌（Lee Eunchang）通过对韩国造船企业的风险分析，运用概率推理的研究方法提出了韩国造船业多达26项的风险因素网络。马克奥·姆贾尔·纳瓦罗和爱伦·E. 沃尔（Mario Mwjiar Navarro & Ellen E. Wohl）在基于地质灾害敏感性和土地生命易损性的基础上利用GIS技术合成出了风险评估地图。斯特凡（Stefan Greiving）为了解决气候变化所诱发的自然灾害空间效应问题，创新了一种只针对自然灾害的各级灾害多因素风险评估模型，并成功解决了这一问题；在此基础上，他为确定复杂自然灾害的能力与风险等级，提出了包括灾害地图、聚合图、脆弱性图等在内的多层次风险矩阵图。

四、重大动物疫病防控措施

国际上出现重大动物疫病后，主要采取4种方法进行防控活动：隔离、扑杀（在特定区域）、免疫，或在扑杀的同时进行免疫。在早期文献研究资料中，学者普遍认为，突发性的动物疫病具有较强的传染性，且无法估计其损失，这时扑杀全部染病体和可能已感染的病体动物，并控制其流动区域视为最经济的策略（Power & Harris，1973；Dufour，1994；Sugiura，2001；Mauled，2000）。后期经过众多的学者研究得出，这种简单消灭感染病体的方式不一定是最好的选择，反之可能会造成巨大的经济损失，因此有其他学者提出相对更好的措施。托马森（Tomassen，2002）对荷兰重大动物疫病口蹄疫（Food and Mouth Disease，FMD）的控制策略进行经济评估后，发现早期利益主体政府在饲养密度大的地区采取环状的免疫加扑杀的政策更为经济，不然施行环状扑杀更经济；洛伦兹（Lorenz，1988）对德国两个防控口蹄疫的手段进行了对比，指出从长期视角出发，在突发动物疫病时扑杀易感染动物体，同时建立环状免疫带，比采取年度免疫，仅仅扑杀易感染动物体更经济。出现重大动物疫病后，在对经济效果进行数理分析时，不少学者利用现存的疫病暴发、感染以及控制等相关资料，与医学上的流行病学的已有成果相结合，利用数理统计与逻辑学中的相关方法，建立风险评价模型，基于不同的评价指标，如NPV值（Goldbach et al.，2006）、BCR值（Nielsen et al.，1993）、MRR值（Okello－Onen et al.，1995），基于模型的不同结果，选择不同的措施对疫病进行防控。

五、重大动物疫病防控体系相关研究

勒万·埃尔巴基津（Levan Elbakidze，2007）在模拟疯牛病暴发情况下，分别检验了存在和不存在可追溯体系情况下疫病的防控，分析了可追溯体系的效益。研究表明，有效的疫病防控可追溯体系的建设有助于减少高传染性疫病暴发时的经济损失。吴佳俊、房翠萍等（2010）提出美国对外来动物疫病防治主要采取以联邦政府监管为主的垂直管理制度，美国农业部动物与植物检疫署下设兽医服务部门，兽医服务部门分管国家兽医诊疗实验室、动物卫生与流行病学中心等，动物与植物检疫署派驻专业人员在每个州负责机场动植物出入境检疫、国内屠宰检疫以及列入检测范围的疫病监控。王芳、马冲和郭军超（2009）提出加拿大疫情防控体系主要包括兽医服务体系、疫病追溯体系以及应急管理体系三方面。其中，兽医管理体系实行垂直管理。澳大利亚建立了国家牲畜标识系统，实现疫病的追溯，推动澳大利亚疫病防控管理工作；澳大利亚各州都设有动物疫病应急委员会和动物疫病应急管理小组，负责疫病决策管理、控制扑杀和咨询工作。

六、疫病风险放大框架的利用

风险放大不仅仅是扩大或放大风险，也包括将风险对社会造成的不利影响进行衰减。卡斯帕森认为，风险承受者甚至是社会全体也许会受某些风险事件的影响造成严重后果，但该风险或后果没有被人们察觉或发现，仍然导致事件的持续扩大，直至造成灾难，这种不易被人们察觉或发现并进一步高度弱化的风险称为“隐匿的风险”（Pidgeon et al.，2010）。

布罗克韦尔和巴内特（Breakwell & Barnett，2001）认为，媒体利用恐慌题材的决策和报道方式会促使公众产生争议，并利用产生的争议吸引公众眼球，该方式在一定程度上可以使公众的风险认知得到强化。风险的社会框架中阐述风险感知与风险态度能从根本上塑成风险决策行为。而社会公众的风险态度与风险决策行为也是在风险认知基础上养成的。

科韦洛等（V. T. Covello et al.，2001）指出个体对待风险决策的态度和决策行动受个人情绪起伏影响甚重，情绪不定也反映出个体对风险的感知与认识能力的不同。风险的社会放大框架理论阐明，风险传播过程中的作为重点的风险认知，通过多方信息的传播对风险事件与风险特征进行体现，风险信息与社会环境、心理等因素相互关联，并作用于个体对风险的感知。

七、传染病风险下个人行为研究

从传染病阴影下个体的疫情预防方面来说，个体的响应机制受到政府政策、传染程度、传染风险等的影响（Geoffard & Philipson，1995；Dow & Philipson，1996；Philipson，1999；Gollier，2004）。凯瑟琳·比克内尔（Kathryn B. Bicknell，1999）指出，政府在对动物疫病的预防、管理和控制中具有两面性特点：一是通过实施补贴政策导致市场信息失真，同时对个体采取的预防行为消极处理；二是正面的控制疫病的传播。

大卫·A. 汉尼斯（David A. Hennessy，2007）根据动态资本评价模型，假设农场主对于疫病的预防因农场经营成本的波动而做出调整，得出动物疫病的预防和控制是一种多元主体的均衡，公共卫生机构是切入点，以鼓励农场主提高预防警惕性来提高社会整体福利。

菲利普森（Philipson，1999）通过对传染病和个体之间的传播关系，提出能够反映个体在传染病阴影里，个体能采取预防行为的扩散弹性模型。个体在有限的资料中得到关于传染病的相关信息，做出个人主观决策，进而开始采取相关的预防手段或方式，这时个体就会采取相关的措施进行预防；反之，若个人认为该传染病被感染风险较小，则其不会采取预防措施。

戈利耶（Gollier，2004）提出从风险识别的角度表明存在过度预防的“贝叶斯学习模型”，主要是将个人的“学习”能力与个人对风险发生概率的判别联系起来。当个体在接收到不断增多的相关传染病的讯息之后，经过对风险损益概率的评估，最终得到个体出现过度预防行为是在绝对风险厌恶和绝对谨慎的比率低于2时，损失的不确定性提升了个体的预防水平。

哥索维茨（Gersovitz，2000，2004）和汉莫（Hammer，2004）提出传染病阴影下个体行为的外部性模型。他们认为存在两种外部性：传染外部性和预防外部性，前者是指已感染患者在外部环境中将病体传递给周围的人，新染病者又将其带到新的环境中进行传播，如此反复，个体在预防自身被感染时，并没有意识到其感染后对社会的损失；预防外部性，个人采取的疫苗接种、药物或者机械治疗等不同的预防行为将会减少其他人被感染的概率。

八、疫病暴发损失评价研究

奥特（Otte，2000）指出动物疫病发生后将出现两种影响：一是间接影响，二是直接影响。前者主要指社会各界采取措施的成本和疫情给个人身体健康带来的损失和影响；后者主要指染病动物的死亡数量、种类、资源使用率下降以及对相关畜禽产品产量、质量的降低。在此基础上，兰德曼（Landman，2004）等分析了荷兰的高致病性禽流感（Highly Pathogenic Avian Influenza，HPAI）对社会经济造成损失，以及疾病发生后对动物福利产生的损益和对养殖户的心理影响程度。缪维森（Meuwissen，1999）和汤普森（Thompson，2002）在研究了荷兰猪瘟以及英国口蹄疫造成的直接与间接的损失后，比较分析了对旅游业的影响；布兰巴特（Brahmbhatt，1998）对疫情发生后，政府为防止疫情蔓延和扩散对社会经济的影响，分析政府所采取的措施对旅游、宾馆、餐饮、交通运输等产业的管制影响。

第二节　国内研究现状

一、疫病公共危机应急管理方面的研究

世界范围内重大动物疫病频繁发生，重大动物疫病是突发公共卫生事件，中国将重大动物疫病的应急管理作为重大问题认真对待。2004 年以来，高致病性禽流感与感染猪链球菌病等重大动物疫病频发，对社会造成了全面且严重的影响与损失。这些重大动物疫病的出现也引起了国内相关专家学者对此展开全面的研究，相应的文献也随之涌现。在中国，因为对动物疫病应急管理关注的时间较晚，相应的研究文献更多地集中于对国外重大动物疫病应急管理的研究，并对此进行分析与借鉴。陶建平、吴斌等（2009）对澳大利亚重大动物疫病应急管理体系的建设经验进行借鉴，对中国动物疫病应急管理体系存在的问题进行深入剖析，针对加强中国动物疫病应急体系的建设，在建立健全中国动物疫病应急机构、做好应急队伍建设、加强国内外动物疫病监测、加大出入境检疫检验与风险评估建设的基础上，提出了在公共危机下，中国完善动物疫病应急反应体系建设的对策建议；刘杰（2010）对加拿大动物疫病应急管理体系的建设进行了简要介绍，其中加拿大的管理标准与原则、应急响应机制以及加拿大的应急中心功能设置等方面的建设值得中国借鉴；李海峰（2012）侧重对澳大利亚防控外来动物疫病的法律法规制度现状、疫情应急反应流程与疫情防控机制进行总结，对中国外来动物疫病的防范提出了相应的策略建议；崔淑娟等（2012）对美国在应对禽流感疫情时的应急防控体系进行研究，提出美国在疫情管理体系的组织体系建设、科技储备、风险评估完善程度与国际间的协作对应对禽流感疫情发挥了相应的作用，美国的应急管理体系建设与疫情应对经验对于中国制定科学的疫情应对策略、完善体制机

制建设、提升监测预警水平有充分的借鉴意义。此后，国内学者在中国重大动物疫病应急管理体系建设方面进行了更广泛的研究探索与查缺补漏，如李金安就中国的重大动物疫病应急管理体系进行了分析研究，提出目前中国重大动物疫病应急管理体系建设尚存诸多问题，其中组织机构不健全、应急方案不完善、保障工作不到位、预警预报难实现是这当中最为突出的问题，如何完善中国的疫情应急管理体系建设仍是亟须解决的问题。

二、动物疫病防控措施研究

相较于发达国家对于重大动物疫病的防控，中国在进行动物疫病危机防控方面还存在着诸多不足之处。王长江等（2009）整合了中国从改革开放以来对动物疫病危机防控的经验，认为中国在动物疫病防控的兽医管理、防控措施、动物卫生法律法规建设、科技防控等方面依然存在诸多问题与不足。王新霞和孙太行（2006）认为，中国重大动物疫病防控需要有完善的行政补贴制度的支持，以减少养殖户的损失，同时养殖户可利用补偿资金进一步完善防控环节。郑朋树（2012）从私权视角对中国扑杀动物行为进行了思考，认为政府运用公权进行疫病动物扑杀是维护社会利益的必然行为，但与此同时人民私权遭受冲击，因此应从公权和私权两方面考虑，保护双方利益。杨胜旺、倪安钦、陈明祥从三个环节（传染源、传播路径、易感动物）阐述了隔离措施对重大疫病防控具有重要意义，这三个环节节节紧扣，只要切断其中一个环节，动物疫病就难以传播下去。王烈英等（2016）对农村的动物疫病防控进行了调研，指出农村动物疫病防控工作的最大难点在于畜禽免疫接种存在不足，其免疫密度不高，且质量偏低。薛亮（2013）开发了动物疫病上报系统，可提前对疫病的发生进行通告，为疫病的防控提供了较充足的准备时间。林春斌（2013）对重大动物疫病强制免疫政策和相应技术进行了介绍，通过政府出钱，免费对养殖场动物进行注射，进而防止重大动物疫病的产生和传播。王鹏（2006）指出因为中国目前的技术无法消灭传染源，所以隔离是大多数养殖场动物疫病防控最有效的方法之一。梁瑞华（2007）认为动物疫病防控是地方政府、中央政府和畜主三方的博弈。路昌华、何孔旺、谭业平、郁达威和胡肄农（2016）指出，信息技术在重大疫病防控中起到了越来越重要的作用，中国已经建立了关于动物血吸虫病的信息库、区域性评估软件和相关模型，全国动物卫生管理地理信息系统汇总分析了各区动物疫病、病死畜禽数量，为疫病防控提供了有力的保障。黄智（2018）指出政府动物疫病防控主要采取四大措施，对养殖户有增加收入、提高生产能力的作用。

三、风险评估在突发公共卫生事件应急管理方面的研究

20 世纪 80 年代，风险评估工具率先进入中国并应用于政府管理部门与金融保险行业，随之引起了更大范围的应用，关于风险评估方面的研究也逐步朝深入方向发展。特别是部分政府项目的研究成果使得中国的风险评估方法研究从定性阶段不断向定量阶段发展，这有力地推动了中国风险评估技术的进步。

实践方面，2003 年的“非典”疫情后，国家对突发公共事件的应对与处理工作高度重视。突发公共卫生事件（简称“突发事件”）是指突然发生，造成或者可能造成社会公众健康严重损害的重大传染病疫情、群体性不明原因疾病、重大食物和职业中毒以及其他严重影响公众健康的事件。“非典”疫情后，中国先后出台《突发公共卫生事件应急条例》《国家突发公共事件总体应急预案》等 20 余项法律法规、应急预案、行业规范等重要文件，在众多的风险挑战下不断调整与完善相应的风险管理体系。各级地方政府也对城市应急管理提出了新的要求，完善相应法律法规，建立符合当地实际情况的风险管理体系。

近年来，中国学者在对国际重大动物疫病充分研究借鉴的基础上，逐

步探索构建符合中国重大动物疫病流行的风险评估模型，将中国国内动物疫病现状与国际动物疫病风险评估模型相结合，推动了中国动物疫病风险评估模型研究领域的发展。白金等（2012）通过确定规模猪场猪瘟发病的各项风险因素，采用两两比较和层次分析法，分别计算出各项风险因子的组合权重系数，建立风险评估模型，可对猪瘟的发生风险进行科学的预警、评估。霍颖瑜（2010）通过统计分析已发生的高致病性禽流感相关数据，确定了高致病性禽流感发生的主要风险因素，并通过层次分析法确定各风险因素的层内权重和总体权重，建立了高致病性禽流感发生风险的定量评价，最后用合适的阈值来确定风险程度或根据风险因素的权重采取相应防控措施。王萍等（2014）为了对猪疫病的发生做出有效评估，提出一种定性与定量相结合的风险评估模型，根据非洲猪瘟已有的研究资料和区域生态风险指标，通过专家定性评估、信任度和权重的定量计算，对猪疫病发生的风险等级进行评估。定性与定量相结合的综合诊断方法适合于不具备实验室诊断条件的基层地区，可用于猪疫病发生前的评估和预测。

林博文（2018）指出，中国重大动物疫病防控主要面临四个问题：防疫困难较大且防疫密度较低；动物疫病防疫资金投入不足；基层防疫队伍老龄化问题严重；部分地区隐瞒动物疫病。杨飞（2018）提出，随着科学技术的日新月异，对动物疫病防控的要求也就越来越高，但目前来看还是面临诸多问题与挑战：动物疫病防控中学术研究经费处于短缺状态，无法进一步开展防控工作；缺少专业人才；目前针对动物疫病还是缺少预见性。肖胜南（2018）指出中国动物疫病监测法律和程序不严，安全防护措施不到位导致动物疫病的防控面临巨大问题。李俊（2016）针对动物疫病防控工作指出，生产规模化程度不高、产地污染严重、病毒变异、病原长期在自然界中循环、防疫队伍建设薄弱、政策不够完善、跨境畜牧产品流动频繁，这些问题始终对动物疫病防控造成威胁。方爱华（2018）从畜禽防控方面说明了目前面临的较大问题与困境是管理队伍水平低、畜禽数量多但饲养环境差，大部分畜禽饲养户的防控意识与专业知识不过关，从而导致防疫工作不能有效及时地实施。黄建福（2017）指出，虽然中国动物疫病防控取得了一定的成果，但仍存在一些问题，基层防疫员素质不齐、防疫经费不到位、养殖户防控意识弱。

四、疫病暴发时农户的经济行为研究

在疫病暴发时，农户、农场主所采取的行为将对疫情的进一步扩散产生重大的影响，因此国内学者在经济学的视角下，根据暴发疫情的具体情况并且结合中国国情，分析农户认知与社会环境影响、农户个人及家庭特征、生产经营特征、政策与制度影响四个方面。蔡宝祥（2001）认为动物疫病传播从潜伏期逐渐过渡为暴发期，进而向发展期和衰退期转化，由于动物疫病的特征、变化，养殖户饲养位置、环境、防疫手段，检疫部门水平、程度、种类等不同而不同，较难及时、明确进行处理，给政府与专家的决策造成困扰，降低了动物疫病管理的时效性。蒋乃华（2002）指出，农场的地理位置和该区域的经济发展水平也是对农户经济行为产生影响的重要因素。根据流行病学和传播学相关内容，可以将动物疫病发生的过程分为潜伏期、暴发期、发展期和衰退期四个阶段，对应动物体的潜伏体、感染体、传播体和死亡体四个时期。翟向明、杨平等（2008）指出，农户的生活环境、地理位置、受教育程度、年龄对动物疫病的认知程度均有影响，而认知方面的差异对疫情的防控存在较为明显的影响。风险或风险事件对造成后果的超越程度可视作风险是否被放大的判断依据，将该问题的社会政治影响以及发生机制作为研究焦点，对风险放大的信息机制和反应机制进行分离。何薇和何忠伟（2014）认为养殖户作为重大动物疫病公共风险的推动与扩散主体，又承担政府防疫政策的实施，由此对动物疫病风险认知与疫情防疫效果的时效性有直接影响。但社会公众作为重大动物疫病公共风险的接收与影响主体，虽没有参与动物疫病前期预防过程，但面对重大动物疫病风险时，其对动物疫病的风险认知、采取的防疫措施和决策方式也将直接关系到疫情的控制与传播。闫振宇、陶建平（2008）通过结构方程建模（SEM）分析，指出农户的受教育程度、农户的年龄、农场的规模与数量、农户对于重大动物疫病的风险认知、防范的观念态度、防控疫病的能力等都会影响重大动物疫病防控的效果和目标。其中影响最大的便是农户对于动物疫病的认知。

五、疫病风险的经济评估与损失评价

中国对动物卫生经济的风险评估起步较晚，现阶段多运用估算法和专家调查法（李亮和浦华，2011）。浦华（2008）指出运用福利经济学、卫生经济学对疫情风险评估十分重要，通过国际管理学评估理论与疫病风险分析的研究经验借鉴，针对中国支农政策的需要、疫病防控的局势、产业国际竞争的需要等方面，建立中国的评价疫情风险的成本收益指标体系。郭齐等（2011）认为疫情暴发时对风险评估和识别，能够筛选出影响力大的动物疫病，进而对筛选出的疫病可能发生的概率和将造成的损失进行估计，依据发生的概率、后果的危害进行估计，采取合理的防控和应急措施，降低损失。吴春艳等（2006）提出免疫预防风险评估模型，通过对高致病禽流感（HPAI）进行层次分析（AHP），表明中国免疫预防的实验室监测不合格、管理不善、接种操作不规范等方面影响因素具有高风险性。蓝泳铄等（2008）为明确各项风险因素权重的比例，通过模糊层次分析法（FAHP）与多指标综合评分法得出风险的不同概率分布，建立风险评估的模型，收集整理2008年中国各省份的疫病情况模拟实验，最终结果表明疫病风险评估存在操作简单明确且具有可行性的评估模型。陈茂盛等（2006）运用专家意见的定性评估对风险进行评价，提出针对中国国情的动物群中感染动物数目评估模型、单个动物感染状况评估模型、监测结果阳性反应数预测模型、动物群体感染状况评估模型、动物群中疫病真实流行率及受感染动物总数评估模型等风险定量评估模型。

六、疫病暴发中政府应急体系建设

疫情暴发时对政府行为的研究，集中在政府的制度体系建设以及特定时间的行政管控中，中国目前已经建立了“一案三制”为核心的危机管理系统，“一案”指政府应急管理预案，“三制”包括政府应急管理体制、机制和法制。政府在疫情暴发时采取的行为对风险的防控具有重要的影响，因此为使政府在公共卫生事件中及时采取合理有效的防控措施，国内学者将视角转向政府应急管理能力的评估（张洪洪，2013）。何艺丹（2014）根据网络舆情对信息的扩散程度，在政府网络干预和民众通过网络问政的背景下，提出政府危机管理的转变。另有学者对政府应对危机管理的流程化（宋佳蔓，2012）、政府危机管理的创新化（许敏，2013）进行研究。国内外的学者提出对于重大动物疫病应完善相关的动物卫生监督法、开展相关的设施建设（陶建平，2009）、完善政府的补贴政策、研究国内外文献的借鉴意义（李扬、施远翔，2012）。

第三节　相关研究评述

一、关于动物疫病风险研究

本书的风险认知为个体对风险事件大小、发生概率和可控性的评估。这种评估与自身特征密切相关，如自身文化程度、社会地位、工作类型等都将对此产生影响，而与风险的客观概率无关。个体对风险的估计往往与客观事实出现一定偏差，这是因为主观性因素的过滤。公众通常不相信经济学家通过数学模型验算推理出的科学结果，更为相信自身对风险的感觉和判断，这是典型的风险认知。因此，应帮助公众形成正确的风险认知观念，降低疫情风险中公众主观化判断对自身健康的不利影响。以往研究基于风险的社会放大框架的基础，对重大动物疫病风险及其公共特征与扩散路径进行研究分析，以养殖农户和消费者对风险的认知为出发点，加入媒体的风险传递与政府的风险管理，研究了重大动物疫病公共风险演变过程中主体风险认知及决策行为的影响，从而为中国重大动物疫病下的政府、消费者、养殖户以及媒体的协同作用提供参考意见。

二、动物疫病个体经济行为分析

研究表明，国内外的学者已经在农户经济行为、农户个人以及政府政策方面做了大量的研究实验，取得了丰富的成果，对于本书的研究有重要的启发与理论指引。突发动物疫病事件中，养殖户是第一接触者，其次就是政府部门。政府通过各项政策文件规定，实行政府重大动物疫病应急管理部门的权利，及时准确掌握疫情信息，并通过经济学理论中的期望效用和流行病传播理论对突发动物卫生事件的风险不确定进行判断，进而做出决策。养殖户与社会公众对重大动物疫病风险的判断，若只能通过自身疫情信息知识素养、自身对动物疫病的经验判断，不足以准确对疫情风险进行决策，因此将动物疫病信息的传播能力、政府对疫情信息的处理能力两者协同，能够有效降低养殖户及社会公众两者的风险损失，保障社会安全稳定。因为政府外部性的存在，个人进行预防决策时往往不能做到最优，而且政府在判断风险、搜集相关资料、采集各地区动物病疫信息等方面已经得到很好地落实，但是当个体的预防无法实现最优时，政府应设立合理有效的补贴或补偿方案。

如上研究表明，文献综合介绍了防控动物疫病的多种方法，国内外学者对养殖户、政府等动物疫病防控、动物疫病公共风险等方面做了大量研究，取得了显著的成果，对本书防控体系的研究具有重要的启发和借鉴意义。目前国内对动物疫病公共风险防控体系研究相对较少，针对动物疫病公共风险主要有风险评估模型；风险社会与媒体结合的研究相对较多，几乎没有与防控体系的结合研究；中国重大动物疫病防控体系情况主要通过防控现状进行定性分析，但很少运用模型进行分析。

基于以上研究现状，本书研究了中国重大动物疫病公共风险现状，在此基础上对中国现有动物疫病政府防控体系进行分析，提出政府防控体系的问题并进行优化。同时结合实地调研，运用模型对养殖户禽流感等重大动物疫病防控行为影响因素进行分析，进一步揭示养殖户防控问题及优化措施，为中国动物疫病防控机制建设和政策选择创新提供理论支持。

第三章

中国重大动物疫病公共风险现状

第一节　中国重大动物疫病概况

一、中国重大动物疫病分类

根据农业农村部普查结果显示，中国已知的动物疫病有300多种，在全国主要流行的有40多种。《中华人民共和国动物防疫法》首先明确了中国动物防疫实行的是动物疫病分类管理制度。基于这个法律基础，2008年农业部通过新版《一、二、三类动物疫病病种名录》，对当前依法管理的动物疫病进行了详细分类，规定：猪瘟、口蹄疫、高致病性猪蓝耳病、新城疫、高致病性禽流感等17种危害严重的动物疫病为一类动物疫病。狂犬病、布鲁氏菌病、牛结核病、猪繁殖与呼吸综合征等77种可能造成严重损失的为二类动物疫病；其中，多种动物共患病9种，牛病8种，绵羊与山羊病2种，猪病12种，马病5种，禽病18种，兔病4种，蜜蜂病2种，鱼类病11种，甲壳类病6种。大肠杆菌病、肝片吸虫病、鸡病毒性关节炎等63种为三类动物疫病；其中，多种动物共患病8种，牛病5种，绵羊与山羊病6种，马病5

种，猪病4种，禽病4种，蚕、蜂病7种，犬猫等动物病7种，鱼类病7种，甲壳类病2种，贝类病6种，两栖与爬行类病2种。2009年1月19日，农业部和卫生部还通过新版《人畜共患病名录》联合发布了26种人兽共患病，其中在中国大面积流行或引发重大社会影响的有高致病性禽流感和猪Ⅱ型链球菌病两种。中国动物疫病可分为三类，但是只有前两类动物疫病发生时可称之为重大动物疫病，在这其中，公众认知度较高的有低致病性禽流感、经典猪蓝耳病、禽霍乱、狂犬病、布鲁氏杆菌病等，具体见表3－1。

表3－1　中国重大动物疫病分类

分类	中国重大动物疫病
一类动物疫病	口蹄疫、高致病性禽流感、高致病性猪蓝耳病、猪瘟、非洲猪瘟、猪水泡病、蓝舌病、牛瘟、非洲马瘟、小反刍兽疫、绵羊痘和山羊痘、新城疫、牛传染性胸膜肺炎、白斑综合征、鲤春病毒血症、痒病、牛海绵状脑病
二类动物疫病	多种动物共患病：狂犬病、布鲁氏菌病、炭疽、伪狂犬病、魏氏梭菌病、副结核病、弓形虫病、棘球蚴病、钩端螺旋体病
	牛病：牛结核病、牛传染性鼻气管炎、牛恶性卡他热、牛白血病、牛出血性败血病、牛梨形虫病（牛焦虫病）、牛锥虫病、日本血吸虫病
	绵羊和山羊病：山羊关节炎脑炎、梅迪－维斯纳病
	猪病：猪繁殖与呼吸综合征（经典猪蓝耳病）、猪乙型脑炎、猪细小病毒病、猪丹毒、猪肺疫、猪链球菌病、猪传染性萎缩性鼻炎、猪支原体肺炎、旋毛虫病、猪囊尾蚴病、猪圆环病毒病、副猪嗜血杆菌病
	马病：马传染性贫血、马流行性淋巴管炎、马鼻疽、马巴贝斯虫病、伊氏锥虫病
	禽病：鸡传染性喉气管炎、鸡传染性支气管炎、传染性法氏囊病、马立克氏病、产蛋下降综合征、禽白血病、禽痘、鸭瘟、鸭病毒性肝炎、鸭浆膜炎、小鹅瘟、禽霍乱、鸡白痢、禽伤寒、鸡败血支原体感染、鸡球虫病、低致病性禽流感、禽网状内皮组织增殖症
	兔病：兔病毒性出血病、兔粘液瘤病、野兔热、兔球虫病
	蜜蜂病：美洲幼虫腐臭病、欧洲幼虫腐臭病
	鱼类病：草鱼出血病、传染性脾肾坏死病、锦鲤疱疹病毒病、刺激隐核虫病、淡水鱼细菌性败血症、病毒性神经坏死病、流行性造血器官坏死病、斑点叉尾鮰病毒病、传染性造血器官坏死病、病毒性出血性败血症、流行性溃疡综合征
	甲壳类病：桃拉综合征、黄头病、罗氏沼虾白尾病、对虾杆状病毒病、传染性皮下和造血器官坏死病、传染性肌肉坏死病

数据来源：《一、二、三类动物疫病病种名录》。

重大动物疫病的发病率和死亡率很高，对畜禽养殖业造成了巨大的冲击，中国作为畜禽业生产大国，每年因重大动物疫病发生造成的损失有增加趋势，据相关资料显示，十几年之前，中国每年因疫病导致动物死亡造成的直接经济损失为250亿~320亿元，而近几年，中国每年的直接经济损失达到了400亿元以上，损失金额显著增加。动物疫病发生会导致动物产能下降、兽药消耗增加、防治费用增加、畜产品品质降低、环境损害等不好的情况，所产生的间接经济损失超过千亿元，疫情暴发和经济损失增加的公共风险显著提升。随着禽流感、口蹄疫等跨界动物疫病导致的经济、社会问题日益严重，国际社会对动物疫病防控工作的重视程度日益加大，重大动物疫病防控的国际合作不断加强。在此背景下，中国政府从1999年开始通过《兽医公报》定期向世界动物卫生组织（World Organization for Animal Health，OIE）、联合国粮食及农业组织（Food and Agriculture Organization of the United Nations，FAO）等相关国际组织和贸易伙伴通报高致病性禽流感、口蹄疫、猪水泡病、布鲁氏菌病等20种动物疫病的国内发生流行动态。中国已在1955年宣布消灭了牛瘟，2008年被OIE认可为无牛瘟国家；在1996年1月16日宣布消灭牛传染性胸膜肺炎，2011年被OIE认可为无牛传染性胸膜肺炎国家。同时中国境内从未发生的OIE法定报告动物疫病有40种，包括西尼罗河热、裂谷热、牛海绵状脑病、绵羊痒病、非洲马瘟、非洲猪瘟和尼帕病毒性脑炎等。此外，中国还在《国家中长期动物疫病防治规划（2012—2020年）》（2012年5月20日发布）中明确提出，“优先防治口蹄疫（O型、亚洲I型、A型）、猪瘟、新城疫、高致病性禽流感和高致病性蓝耳病5种一类动物疫病，重点防范小反刍兽疫、绵羊痒病、牛海绵状脑病、非洲猪瘟、牛传染病性胸膜炎等9种外来动物疫病”。

二、中国重大动物疫病的特点

根据《兽医公报》对国内最流行的20种重大动物疫病统计，本章选取2013—2015年的8种疫情和2016—2018年的16种疫情数据进行分析，分析这两个时间段中国重大动物疫病的主要流行特点。

（一）重大动物疫病持续流行，对养殖业的影响不断增加

据《兽医公报》统计，目前中国已消灭的重大动物疫病有两种，一种是1995年消灭的牛瘟，另一种是1996年消灭的牛肺疫。除此之外，原有重大动物疫病仍在全国各地蔓延，以下统计的重大疫情中只有口蹄疫、新城疫与狂犬病流行趋势有小规模下降，其余几种动物疫病皆有不同程度上升。重大动物疫病总死亡数量也在不断攀升，从2013年50620只/头到2015年138924只/头。其中禽流感的死亡与扑杀上升程度尤为明显，三年间共造成149224只家禽死亡，共扑杀家禽数量4775777只（约478万只），对鸡、鸭等养殖业造成持续、严重的伤害。具体数据见表3－2。

表3－2　2013—2015年中国重大动物疫病总体情况　单位：只/头

疫病	2013年			2014年			2015年		
	发病	死亡	扑杀	发病	死亡	扑杀	发病	死亡	扑杀
口蹄疫	1160	1872	6033	101	0	324	635	726	1981
猪瘟	668	218	32	837	192	378	4225	2172	1152
禽流感	13035	12535	149139	60479	51566	4413182	46227	85123	213456
新城疫	21326	12934	3892	14029	6469	294	13962	7246	5006
禽霍乱	170454	31027	2263	181046	25163	1981	176451	37280	3857
狂犬病	75	67	73	54	45	5	56	47	170
鸭瘟	2237	264	0	5412	1270	328	4887	1748	0
猪丹毒	26249	4637	128	53499	6355	184	31110	4582	654
合计	235204	50620	161560	315457	91060	4416676	277553	138924	22626

数据来源：根据《兽医公报》2013—2015年数据整理。

（二）人兽共患病趋势加剧，病原变异性加强

表3－3中的16种疫病中，属于人兽共患病的有4种，分别为禽流感、

炭疽、狂犬病和布氏杆菌病。炭疽、狂犬病和布氏杆菌病在2016—2018年不曾间断，但涉及范围较小，炭疽和布氏杆菌病在近3年内感染数量有所上升，但传染方式较为单一，对人的危害性较小。自1997年在中国香港首次发现人感染H5N1亚型禽流感病毒开始，截至2013年3月，全球人感染高致病性H5N1病毒622例，死亡371例，其中中国发现感染人数45例，死亡人数30例，死亡率超过60%。而2013年3月中国又首次发现人感染H7N9病毒事件，截至2018年底，全国累计人感染H7N9病毒发病达1400例，死亡达561例，其中2017年发病、死亡皆达到高峰，分别占总体的42%、46%。

表3-3 2016—2018年中国重大动物疫病总体情况 单位：只/头

疫病	2016年			2017年			2018年		
	发病	死亡	扑杀	发病	死亡	扑杀	发病	死亡	扑杀
口蹄疫	15	2	139	676	80	2779	1050	128	7264
绵羊痘和山羊痘	2105	320	221	1793	286	26	2725	359	312
猪瘟	655	326	7	925	312	42	2269	1291	3669
禽流感	92441	68935	344707	241325	156217	1067190	75039	53732	224936
新城疫	9148	2926	147	1556	915	4	17327	7584	14036
蓝耳病	658	107	0	625	323	0	1038	526	822
猪囊虫病	144	2	0	29	1	0	4	0	4
炭疽	89	89	0	65	56	34	189	133	1134
兔病症性出血	897	455	19	131	48	0	368	117	27
禽霍乱	266104	46152	15299	62779	29437	419	84390	27161	23018
狂犬病	27	21	351	122	102	9	12	3	68
鸭瘟	9915	2748	38	11861	8124	0	2593	1441	1371
猪丹毒	21650	3920	534	11296	2811	30	10089	2780	2040
猪肺疫	25115	5966	460	18735	3876	51	13793	3335	2496
鸡马立克病	4809	1833	887	2285	746	0	474	245	209
布氏杆菌病	28442	201	22164	35203	143	1761	27489	128	25881

数据来源：根据《兽医公报》2016—2018年数据整理。

(三) 非洲猪瘟新病毒入侵，影响猪养殖产业发展

2018 年 8 月中国首次确认了非洲猪瘟疫情，该疫情于 1921 年在肯尼亚发现，并蔓延了撒哈拉以南等非洲国家，30 多年之后慢慢向西欧和拉美等国家扩散。2018 年该疫情在中国从沈阳市沈北新区向沿海及内地扩散，近 80 起，涉及黑龙江、河南、江苏、安徽、内蒙古、吉林、天津和北京等 17 个省（市、区）。从表 3－4 中可以看出，2018 年 8—12 月非洲猪瘟中发病例数为 8063 头，死亡数为 5706 头，扑杀数量达 802273 头。虽然在发现疫情的第一时间已经对疫情进行控制，但蔓延程度和传播速度仍旧很强，在短短 5 个月内，蔓延至全国三分之二省份，导致猪肉价格由 16 元左右提升到 39 元左右，大多中小型养殖户退出养殖产业。

表 3－4　　2018 年 8—12 月中国首次非洲猪瘟发生情况　　单位：头

疫病		8 月	9 月	10 月	11 月	12 月	合计
非洲猪瘟	发病	1307	905	3745	1152	954	8063
	死亡	585	585	2994	948	594	5706
	扑杀	44758	103837	351968	132995	168715	802273

数据来源：根据《兽医公报》2018 年 8—12 月数据整理。

第二节　中国重大动物疫病发展趋势

随着中国的自然生态环境、经济环境、动物养殖模式、动物疫病防控措施等发生巨大的改变，中国重大动物疫病出现了新的流行趋势。

一、疫病危害性增强

重大动物疫病的传播范围在扩大，速度在加快，种类、途径都呈现增加的态势，动物疫病的危害性显著提升，对中国畜牧业、贸易、金融、旅

游等多领域造成了十分不利的影响。随着全球气候的改变、贸易的频繁往来，在新的重大动物疫病出现的同时，一些已经发生过的重大动物疫病出现病毒变异重组、多种亚型并存流行的现象，重大动物疫病的病原危害面积扩大，提高了疫情的发生概率。

二、疫病防控更加困难

随着中国经济发展，人们对于畜禽及其产品的数量和质量要求显著提升，不同地区之间畜禽及其产品流通更加频繁，加快了重大动物疫病的扩散传播。中国畜禽养殖户分散饲养现象很普遍，存在养殖手段落后、防控意识弱、防疫条件差等问题，最终导致免疫失败，增加动物疫病发生隐患。中国政府越来越重视重大动物疫病的防控工作，虽然整体的防控能力有了显著提高，但是目前还不完善。针对猪瘟、鸭瘟、兔病毒性出血症等重大动物疫病，中国实施防控的效果很好，动物发病量显著下降，疫情暴发的公共风险性降低。然而，针对口蹄疫、禽流感等重大动物疫病的防控效果并不是很理想，动物发病量波动变化甚至增加，未来暴发公共风险的可能性显著增强，需要进一步提升防控水平。

三、疫病暴发更加频繁

近 3 年来，中国《兽医公报》共统计了 24 种重大动物疫病情况，其中非洲猪瘟、小反刍兽疫、日本血吸虫病和棘球蚴病是 2018 年新增统计的疫情。从表 3 – 5 中可以看出，对中国畜禽养殖业有较大影响的重大动物疫病共有 14 种，分别为口蹄疫、猪瘟、新城疫、猪繁殖和呼吸系统综合征、禽流感、绵羊痘和山羊痘、禽霍乱、鸭瘟、猪丹毒、猪肺疫、兔病毒性出血症、布鲁氏杆菌病、鸡马立克氏病以及非洲猪瘟。其中，猪水泡病、蓝舌病、马传染性贫血 2016—2018 年的发病数为 0，说明中国针对这 3 种疫病实施防控措施的效果十分显著，其危害风险已经大幅降低。口蹄疫、猪瘟、鼻疽 3 种疫病的发病数明显增加，综合来看，这 3 种疫情未来仍有上涨趋势，防疫形势严峻。绵羊痘和山羊痘、禽流感、新城疫、狂犬病、兔病毒性出血症、猪繁殖和呼吸系统综合征、炭疽、禽霍乱、鸭瘟、布鲁氏杆菌病 10 种疫病发病数呈波动变化；其中，炭疽和狂犬病 2 种疫病整体的发病数、死亡数和捕杀数都相对较少，但其对人畜健康危害的严重性不容忽视。禽流感、禽霍乱、布鲁氏杆菌病 3 种疫病的动物发病、死亡和捕杀基数相当庞大，特别是 2017 年禽流感发病数大幅上涨到 250325 只，死亡数上涨到 156217 只，捕杀数上涨到 1067250 只，增长了近 3 倍，造成了巨大的社会损失。猪囊虫病、猪丹毒、猪肺疫、鸡马立克氏病 4 种疫病发病数呈明显下降趋势，防控效果显著。2018 年暴发的非洲猪瘟疫情给社会造成了巨大的冲击，虽然发病数只有 812 只，但是捕杀数却达到了 804248 只，造成中国畜牧业损失惨重。

表 3－5　2016—2018 年中国重大动物疫病发生情况　　单位：只/头

疫病种类	2016 年			2017 年			2018 年		
	发病数	死亡数	捕杀数	发病数	死亡数	捕杀数	发病数	死亡数	捕杀数
口蹄疫	245	147	675	676	80	2779	1331	128	7307
猪水泡病	0	0	0	0	0	0	0	0	0
蓝舌病	0	0	0	0	0	0	0	0	0
绵羊痘和山羊痘	2469	367	221	1836	286	26	2634	359	312
猪瘟	814	428	428	925	312	197	2217	1299	3669
禽流感	98475	74643	375367	250325	156217	1067250	64239	53732	224936
新城疫	9670	3403	159	1556	915	4	17327	7584	14036
猪繁殖和呼吸系统综合征	852	116	0	625	323	17	1038	526	822
猪囊虫病	175	2	0	29	1	1	4	0	4
炭疽	121	114	132	65	56	34	189	133	1134
兔病毒性出血症	1944	459	21	131	48	0	368	117	27
禽霍乱	302185	55792	18226	63310	29560	419	85234	27169	23018

续表

疫病种类	2016 年			2017 年			2018 年		
	发病数	死亡数	捕杀数	发病数	死亡数	捕杀数	发病数	死亡数	捕杀数
狂犬病	39	31	353	122	102	9	12	3	70
鸭瘟	10454	2929	46	11887	8124	0	3451	1869	1471
鼻疽	0	0	0	0	0	0	17	1	16
猪丹毒	28871	3952	710	11323	2811	1012	10087	3174	2038
猪肺疫	35514	6878	534	18358	3929	1277	14940	3335	2431
马传染性贫血	0	0	0	0	0	0	0	0	0
布鲁氏杆菌病	33108	219	22922	40920	148	1761	27489	128	25872
鸡马立克氏病	7404	2660	887	2335	796	0	475	246	257
非洲猪瘟	—	—	—	—	—	—	812	5706	804248
小反刍兽疫	—	—	—	—	—	—	47	0	359
日本血吸虫病	—	—	—	—	—	—	0	0	0
棘球蚴病	—	—	—	—	—	—	0	0	0

数据来源：根据《兽医公报》公开资料整理。

第三节　中国主要重大动物疫病流行情况

一、禽流感疫情

1997 年，中国香港最先暴发 H5N1 禽流感疫情，全港宰杀活鸡超 120 万只。因为禽流感属于人畜共患病，造成香港部分人员感染和死亡。2003 年，中国香港再次暴发 H5N1 禽流感疫情且疫情暴发次数呈上升趋势，蛋鸡感染淘汰率达到新高。2004 年和 2005 年是中国禽流感最严重的两年，禽流感大面积暴发。2004 年，广西暴发首例禽流感疫情并且蔓延至全国大部分地区，造成了严重的社会和经济损失。近几年，中国禽流感暴发的主要亚型为 H5N1、H7N9 和 H5N6，其危害的公共风险显著增加。

（一）禽流感流行特点

1. 禽流感流行有明显的季节规律

虽然一年四季都有禽流感疫情发生，但是疫情还是多发生在冬春季，在季节交替时更易暴发，此时天气昼夜温差较大、风力大，禽流感病毒活性强，有利于禽流感病毒的扩散传播。一般情况下，禽流感夏秋季发生次数较少且危害性较小。由图 3－1 可知，2004—2018 年，中国每月都有禽流感疫情暴发，整体曲线走势呈 M 型，1—2 月是禽流感暴发次数的第一个小高峰，其中，2 月禽流感暴发次数达到最高峰 61 次；从 3 月开始，疫情态势直转而下，3—9 月禽流感疫情发生次数整体偏低；从 10 月开始禽流感疫情出现第二个小高峰。整体来看，中国禽流感疫情发生主要集中在 10 月到次年 2 月这 5 个月，这 5 个月的疫情次数约占总次数的 70.3%。从季节上看，疫情主要集中在冬春季，特别是由秋入冬的 11 月（疫情发生次数约占总次数的 12.7%）和由冬入春的 2 月（疫情发生次数约占总次数的 36.97%）。

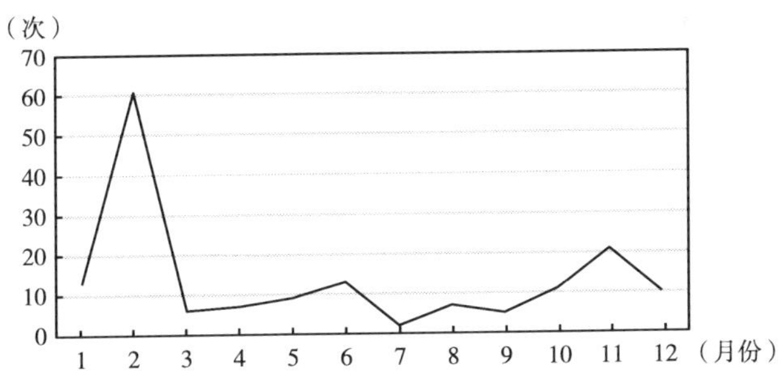

图 3－1　2004—2018 年中国每月禽流感发生次数分布统计

数据来源：根据《兽医公报》公开资料整理。

2. 禽流感病毒易感动物种类多样

鸡、火鸡最易感染禽流感病毒，鸭、鸽、鹅等禽类感染禽流感病毒为隐性感染，不易出现明显症状。禽流感最开始发病以鸡、鸭、鹅等家禽为主，病毒很容易在大规模饲养的禽类中进行传播，禽类感染发病不受性别、日龄和品种的影响。近几年，中国已知的带有禽流感病毒的野鸟为17种，水禽和旱禽混养可出现交叉感染现象。禽流感病毒除了会感染禽类动物，也会传染给人，严重威胁人的身体健康。据调查显示，人感染H5N1禽流感的死亡率可达53.6%，感染H7N9禽流感的死亡率也十分高。一般情况下，任何年龄段的人都对禽流感病毒有易感性，相较而言，老年人和儿童发病率较高且病情较重。禽流感的社会危害性很大。

3. 禽流感疫情范围扩大

2004年中国禽流感疫情发生地主要集中在点上，目前，中国禽流感暴发出现散发或连片发生的现象。随着人们对禽类动物的需求越来越高，家禽交易越来越多。病毒可沿着家禽交易和运输的路线进行传播，扩散到疫情防控不严格、没有发现疫情的地区，导致病毒的地理扩散范围更加广泛。

4. 禽流感病毒不断变异

禽流感疫情最开始流行以H5N1为主，随着病毒不断变异，出现了H7N9、H5N6、H5N2等更多的亚型。近几年，在候鸟中也发现了禽流感疫情，候鸟在迁徙时引发禽流感疫情已经成为新的趋势。禽流感病毒的毒力随着变异呈增强趋势，当禽流感疫情暴发时，鸡、鸭、鹅等动物的发病率和死亡率显著提高，水禽从多带毒而少发病变化为发病死亡。

5. 多种禽流感病毒共存，出现交叉感染

根据各种资料显示，家禽身上普遍出现多种禽流感病毒同时存在的现象，H6亚型禽流感病毒更易和其他亚型禽流感病毒共存，共存率高达47%，家鸭身上甚至发现过同时存在4种病毒。鸽子、鹌鹑、野禽、水鸟等鸟类身上携带的禽流感病毒更加多样，一般情况下，野禽会通过风和空气将病毒传染给家禽，出现交叉感染现象，据测算，中国家禽禽流感病毒携带率高达13.5%。

（二）禽流感传播途径多样

禽流感病毒的传播主要是横向传播，包括接触性传播和气源性传播两种，高致病性禽流感主要通过空气传播（见图 3－2）。接触性传播可分为直接接触传播和间接接触传播。直接接触传播主要是易感禽类直接接触感染禽类、带毒禽类感染禽流感病毒。间接接触传播是通过受污染的禽舍、饲料、设备、蛋箱、饮水、运输工具、衣服、羽毛、粪便以及消化道、损伤的皮肤等途径传播。病禽的呼出气体和分泌物会污染空气，易感禽类会通过呼吸道吸入而感染。目前尚未有充足的证据表明禽流感病毒是否可以垂直传播，但是部分感染禽流感的母鸡所产的鸡蛋中可以检测出禽流感病毒。

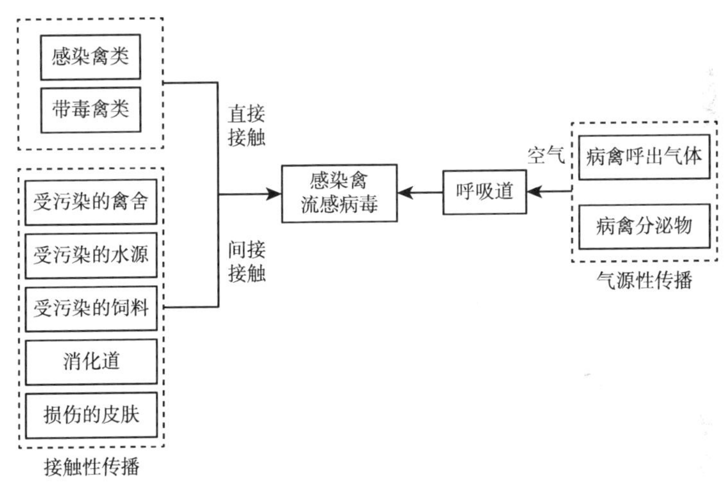

图 3－2　中国禽流感传播途径

数据来源：根据公开资料整理。

（三）禽流感暴发情况

1. 禽流感波动暴发

除 2010 年外，中国禽流感疫情每年都有发生，其中 2004 年和 2005 年高致病性禽流感大规模发生，分别为 50 次和 32 次。2004 年禽流感疫情呈点状暴发且只局限于禽只感染，而 2005 年疫情表现为散状暴发，出现候鸟和家禽交叉感染现象，禽流感疫情的危害风险显著增强。2004—2010 年，中国禽流感发生次数大幅减少，由 50 次降低到 0 次。在此阶段，我国政府高度重视禽流感防控工作，快速封锁疫区、及时通报疫情、研制疫苗、派遣专家赴疫区指导工作，同时养殖户积极配合扑杀、消毒、免疫等防控工作，禽流感防控取得了明显成效，疫情危害风险降低。但是 2011 年以后，中国禽流感暴发次数有小幅上涨，由几次增加至十几次，呈个别省份偶发态势。禽流感疫情危害风险回升，禽类的发病数、死亡数明显提高，特别是 2017 年，受气候和病毒污染水平高的影响，中国禽类动物发病数、死亡数和扑杀数较前几年大幅提升，造成了严重的社会危害。主要原因是近几年中国禽流感病毒不断变异重组，出现新型禽流感病毒，虽然政府积极采取防控措施，但是无法立即得到有效控制，导致疫情发生次数有所上涨。截至 2018 年 12 月，中国禽流感疫情共暴发 165 起，禽流感疫情次数相对增加，造成了巨大的社会损失，其危害风险上升，对该疫情的防控更加严峻（见表 3－6）。

表 3－6　　中国禽流感暴发情况

年份	疫情暴发次数（次）	发病数（只）	死亡数（只）	扑杀数（只）
2004	50	144900	129100	9045000
2005	32	158200	151200	22226000
2006	8	92800	52700	2951000
2007	4	27800	26500	242000
2008	6	9428	9380	580000
2009	3	1500	1500	1679
2010	0	0	0	0
2011	1	290	290	1575
2012	6	44100	17000	1555000
2013	3	13035	12535	149139
2014	4	60479	51566	4704082
2015	12	46227	19065	213456
2016	10	98475	74643	375367
2017	14	250325	156217	1067250
2018	12	64239	53732	224936

数据来源：根据《兽医公报》公开资料整理。

2. 禽流感覆盖范围广

2004—2018 年，中国禽流感暴发地区范围十分广泛，共覆盖了 27 个省、市、自治区，包括东部地区 7 个省份（上海、天津、广东、浙江、辽宁、江苏、河北），西部地区 11 个省份（西藏、新疆、贵州、甘肃、四川、广西、青海、宁夏、云南、内蒙古、陕西），中部地区 8 个省份（湖北、吉林、湖南、山西、河南、安徽、江西、黑龙江）。这 15 年来，新疆维吾尔自治区禽流感疫情发生次数最多，为 18 次，约占总次数的 11%。其次湖北省发生疫情 17 次，湖南省、广东省、云南省和西藏自治区禽流感疫情发生频率较高，都达到了 10 次以上。上海市、吉林省、新疆生产建设兵团发生禽流感疫情次数最少，为 1 次（见表 3 - 7）。虽然中国十分重视禽流感防控工作，但是不同省（市、区）防控水平有一定的差距，政府存在疫情监测不到位、通报不及时等问题，一部分养殖户不愿配合采取防控行为。同时，随着不同省（市、区）活禽交易和运输，禽流感疫情十分容易跨省（市、区）传播，造成疫情覆盖广泛，威胁社会的稳定。

表 3 - 7　　2004—2018 年中国禽流感疫情地区分布统计

地区	发生次数（次）	地区	发生次数（次）
天津市	2	广东省	1
河北省	2	广西壮族自治区	3
山西省	3	四川省	4
内蒙古自治区	7	贵州省	9
辽宁省	8	云南省	11
吉林省	1	西藏自治区	11
黑龙江省	2	陕西省	3
上海市	1	甘肃省	3
江苏省	5	青海省	3
浙江省	3	宁夏回族自治区	7
安徽省	7	新疆维吾尔自治区	18
江西省	5	新疆生产建设兵团	1
河南省	2	湖南省	14
湖北省	17		

数据来源：根据《兽医公报》公开资料整理。

3. 禽流感暴发区域性强

2004—2018 年，中国东部地区禽流感疫情发生次数为 33 次，约占总次数的 20%；中部地区发生 58 次，约占 35.2%；西部地区发生 74 次，约占 44.8%。由此表明，中国西部地区禽流感疫情发生次数最多，其次是中部地区和东部地区。西部地区的禽类动物发病数和死亡数也最多，分别为 451181 只和 342971 只，东部地区最少。这说明疫情暴发次数越多，相应的禽类发病数和死亡数越多。虽然东部地区禽流感疫情发生次数最少，但是禽类捕杀数最高，达到 2155974 只，是中部地区的 4.5 倍，是西部地区的 2.4 倍，表明东部地区禽类养殖规模大且密度高，导致禽流感疫情发生时损失较大（见表 3-8）。中国东部地区相较中部和西部地区整体经济和教育水平更高，政府疫情监测和上报更加准确和及时，养殖户防控配合度高，所以疫情控制较好。西部地区政府和养殖户疫情防控各方面都较薄弱，所以，西部地区更容易发生禽流感疫情。

表 3-8　2004—2018 年禽流感在中国东、中、西部发病情况

地区	疫情次数（次）	发病数（只）	死亡数（只）	扑杀数（只）
东部	33	106542	168894	21559764
中部	58	264279	183293	4786251
西部	74	451181	342971	8878730

数据来源：根据《兽医公报》公开资料整理。

4. 禽流感易感种类增加

2011—2018 年，中国大部分禽流感病毒在鸡、鸭、鹅、野鸟等禽类中被发现，说明这些禽类动物更易感染禽流感病毒。2015—2018 年，中国禽流感病毒在野鸟、鹌鹑、候鸟等更多的禽类身上发现，其危害性和传染性进一步增强。在所有的 62 次疫情中，有 2 次疫情未明确禽种。整体来看，中国禽流感疫情发现禽群有三种情况：第一种情况是单一禽群携带病毒，共有 50 次，约占总疫情次数（明确禽种，后同）的 83.3%，其中，从鸡群发现 43 次（约占总次数 71.7%），鸭群发现 3 次（约占总次数 5%），鹅群发现3次（约占总次数5%），野鸟群发现1次（约占总次数1.6%）；第二种情况是多种禽群携带病毒，共有5次，约占总疫情次数的8.3%，其中，从鸡鸭群发现1次，从鸡鹅群发现2次，从鸡鸭鹅群发现2次；第三种情况是其他禽类携带病毒，共有5次（《兽医公报》中未列出其他详细禽类名称，并且不知是单一禽群还是多种禽群感染，所以单独列出），约占总疫情次数的8.3%。数据表明，单一禽群携带病毒现象发生频率最高，其中从鸡群发现携带禽流感病毒占到86%，说明鸡是中国禽流感病毒最易感染的禽类动物（见图3－3）。

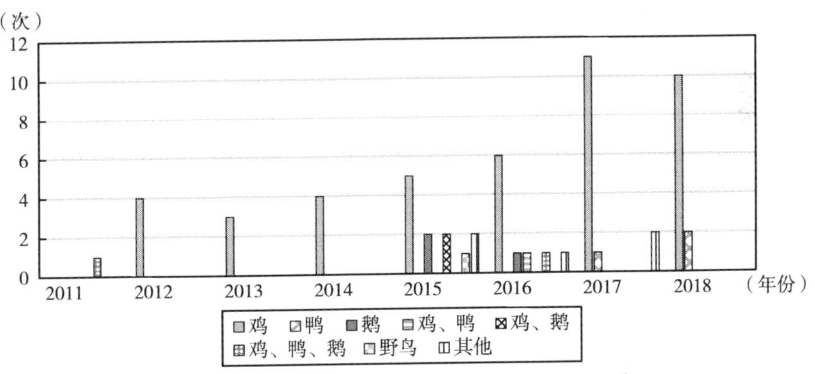

图3－3　中国禽流感病毒在不同禽群发现次数

数据来源：根据《兽医公报》公开资料整理。

5. H5和H7亚型禽流感呈主流趋势

2007—2018年，在全部的75次禽流感疫情中，H5N6亚型禽流感发生次数最多，共25次，约占禽流感疫情发生总数的33.3%，其次为H5N1禽流感23次、H7N9禽流感14次、其他禽流感11次、H5N2禽流感2次。这12年来，H5N1禽流感疫情发生走势呈M形，2007—2009年中国只有H5N1禽流感发生，无其他亚型禽流感疫情，2008年发病次数达到顶峰，为6次，之后逐步减少至0，这说明当时H5N1禽流感病毒是中国主要流行的禽流感亚型。2010—2013年，中国政府和养殖户对H5N1禽流感防控工作很到位，一直没有疫情发生，直到2014年疫情又出现小幅回升。中国

H5N2 疫情只有 2015 年发生了 2 次，近 3 年没有发生，防控效果较好。中国 2014 年出现了第一例 H5N6 禽流感疫情，之后疫情发生次数较多，给社会带来了巨大的冲击。2017 年中国大规模暴发了首次 H7N9 禽流感疫情，此次疫情扩散范围广、病畜发病率和死亡率高，造成了家禽养殖业巨大的损失。整体来看，中国早期只流行 H5N1 禽流感疫情，随着禽流感病毒不断变异重组，出现了越来越多的亚型（见图 3－4）。近几年，中国禽流感疫情以 H5N6 和 H7N9 为主（占总发生次数 52%），经过长时间的研究，H5N1 和 H5N2 禽流感防控效果显著，政府积极进行疫情监测、通报、研发有效的疫苗，养殖户积极配合禽流感防控工作，所以这两种禽流感疫情只是偶尔发生。

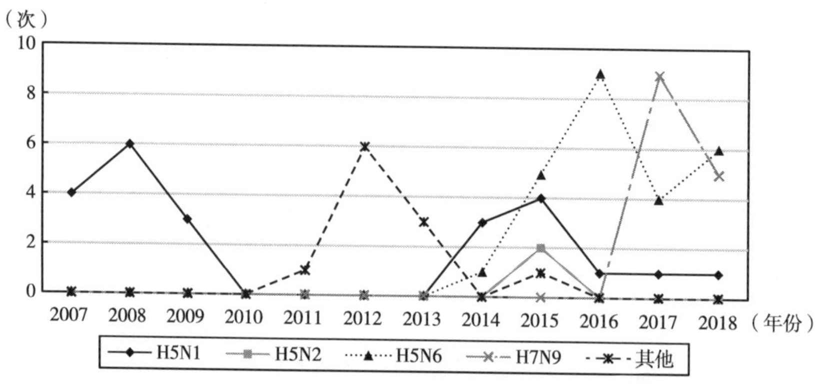

图 3－4　2007—2018 年中国禽流感各亚型发病次数

注：《兽医公报》中未注明亚型的禽流感疫情被归为其他。

数据来源：根据《兽医公报》公开资料整理。

（四）中国重大禽流感疫情危害

重大动物疫病对中国畜禽养殖业发展和食品安全以及公众生命等诸多方面造成了较大的威胁，这也是各国动物防控的重要目标。在 20 世纪末期，农业部对已发生的动物疫病展开了一次较为全面的普查工作。调查结果表明，中国已存的疫病种类高达 202 种，其中近 20% 的疫病在全国范围内出现的频率较高。随着全球化程度加深，疫病在各国之间的传播更加直接，由此中国的疫病种类也在不断增加。

1. 重大禽流感疫情危害社会稳定

据估算，中国每年因重大动物突发疫情直接导致养殖畜禽大规模死亡中，家禽死亡率高达20%，生猪死亡率在10%左右，羊死亡率约8%，牛死亡率达5%左右，造成中国每年的经济损失可能有上千亿元。其中2013年在中国暴发的H7N9禽流感作为典型公共风险事件，半年时间造成养殖产业近600亿元的损失，以及65亿元的社会经济损失。截至2019年，H7N9禽流感感染累计人数达1401例，其中2017年突破新高，发现589例，占发病总人数的42%，死亡259例占死亡总人数的46%，引发了人们对食品安全、环境污染、养殖业者防疫管理及疫畜管理等一系列关乎人们生命安全、生活质量的问题的高度重视。

2. 重大禽流感病毒危害家禽业发展

据统计，能直接感染人的禽流感病毒亚型有：H5N1、H7N1、H7N2、H7N3、H7N7、H9N2和H7N9亚型，其病毒感染人能力强，传播范围广，病死率高，至今仍未完全消灭。根据《兽医公报》整理的2010—2018年中国禽流感疫情在全国范围内的暴发情况，可以看出，2011—2018年中国禽流感疫情事件涉及10多个省份，共计发生54起，其中总发病数量为572936羽，平均每年发病的家禽数量达71617羽；总死亡数量为379340羽，每年死亡数量占47418羽；总扑杀数量为7969185羽，每年扑杀数量高达96148羽，导致一大批中小型养殖户退出市场，禽类产品价格一路上升。

二、口蹄疫疫情

在20世纪50年代，中国口蹄疫流行以牛口蹄疫为主，但在1964年，中国大规模暴发猪口蹄疫。20世纪70—80年代，猪口蹄疫暴发率不断攀升。2000年以来，随着中国各种疫病防控措施的推出，猪口蹄疫暴发比率有所下降。口蹄疫病毒包括7个主型，分别为O型、A型、C型、Asia I型、SAT1

型、SAT2 型、SAT3 型。目前，中国口蹄疫疫情以 O 型和 A 型为主。2018 年中国口蹄疫疫情暴发次数显著增加，其造成危害的公共风险性进一步提高。

（一）口蹄疫流行特点

1. 口蹄疫病毒感染范围较大

口蹄疫病毒既可感染动物也可感染人，但偶蹄目动物的感染率更高，在家畜中牛、猪、羊感染概率较大，性别与口蹄疫感染率无关，年龄有一定的影响，幼畜感染概率可达到 100%，死亡率也较高。

2. 口蹄疫病毒传染源较多

口蹄疫最主要的传染源是染疫动物，其血液中口蹄疫病毒含量最高，乳汁、尿液、唾液、眼泪、粪便以及呼出的气体等都含有病毒，此外，受污染的畜舍、交通工具、水源、饲料等都是口蹄疫病毒的传播媒介，传染性极强。

3. 口蹄疫发生没有显著的季节性，但是有明显的季节规律

口蹄疫病毒对太阳辐射和温度较敏感，夏秋季较稳定，冬春季更易暴发疫情。2016—2018 年，中国口蹄疫疫情基本每个月份都有发生，呈波动变化，无明显季节性，春季 4、5 月和冬季 11 月口蹄疫暴发次数较多（见图 3 –5）。

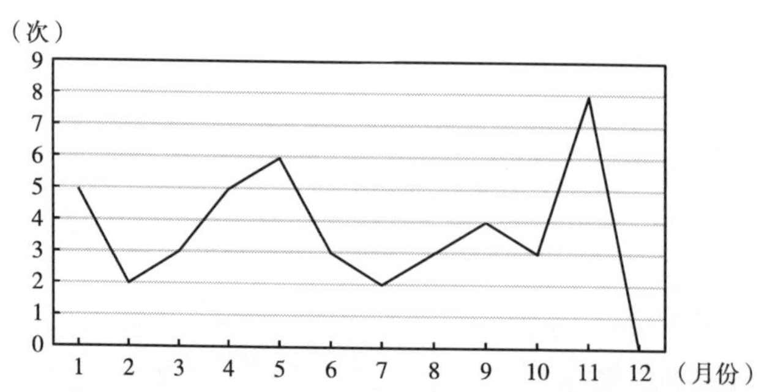

图 3 –5　2016—2018 年中国不同月份口蹄疫疫情次数

数据来源：中国动物疫病预防控制中心。

4. 口蹄疫疫情具有周期性

一般呈现出每隔 3 ~5 年发生一次口蹄疫小范围流行，每隔 5 ~10 年发生一次口蹄疫大规模暴发。

5. 口蹄疫病毒易变异

基本每暴发一次口蹄疫疫情都会出现新的毒株，造成原有疫苗保护力下降甚至无效果。1999—2013 年，中国口蹄疫流行毒株有了很明显的变异，1999 年世界大范围暴发了 Pan Asia 毒株的 O 型口蹄疫，2010 年 Mya－98 毒株的 O 型口蹄疫造成了亚洲近几十年来最严重的一次疫病大流行，传染性极强，2013 年中国广东省茂名市暴发了东南亚 97 毒株（A/Sea－97/G2）A 型口蹄疫，其病毒毒性更大，是缅甸 98 毒株的十几倍，针对猪和牛的感染性更强（见表 3－9）。

表 3－9　中国口蹄疫主要流行毒株

发现时间	流行毒株
历史留存	Cathay
1999 年	Pan Asia
2005 年	Asia Ⅰ 型
2009 年	A 型 Sea－97 G1 毒株
2010 年	Mya－98 毒株
2013 年	A 型 Sea－97/G2 毒株

数据来源：根据公开资料整理。

6. 口蹄疫的传播方式包括接触传播和空气传播

接触传播可分为直接接触传播和间接接触传播，口蹄疫病毒传播最有效的方式是易感动物与发病动物直接接触。直接接触传播是口蹄疫病毒传播最快的方式，易发生在同群体动物中，偶蹄目动物容易通过直接接触病畜及其含毒粪便感染口蹄疫病毒，病毒还可通过精液直接传播。间接接触传播是指口蹄疫病毒通过媒介物进行传播，媒介物分为两种，包括有生命的媒介物和无生命的媒介物。口蹄疫病毒携带者、病毒污染的畜舍、感染动物接触过的水、未煮过的食物碎屑以及含感染动物产品的饲料添加剂等都可能是病毒的携带源（见图 3－6）。

口蹄疫病毒还可以通过空气进行传播，病毒主要来自病畜的含毒污物、呼吸气体以及尘屑等经过风吹形成的含毒气溶胶，空气的湿度、太阳

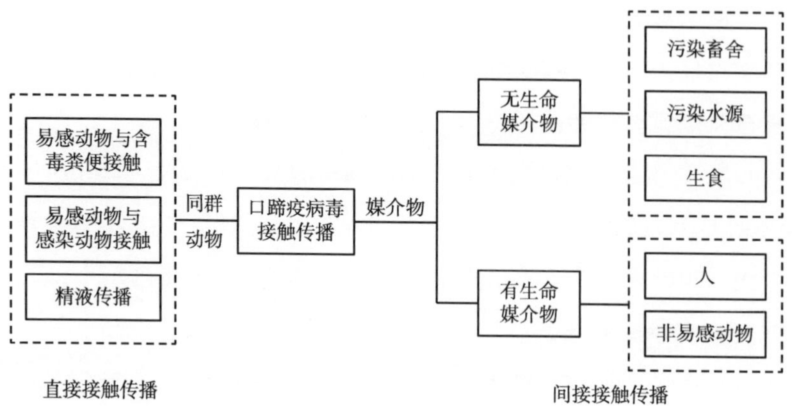

图3－6　口蹄疫接触传播

数据来源：根据公开资料整理。

辐射、风向和降雨等都会影响含毒气溶胶的传播速度。当空气中相对湿度大于等于60%、太阳辐射较弱时，口蹄疫病毒的存活时间较长，并且可以依赖风将病毒扩散到很远的地方。在风向下沉或大雨的情况下，口蹄疫病毒容易下降到较低高度与易感动物接触，动物通过吸入含毒气溶胶致使疫病感染（见图3－7）。

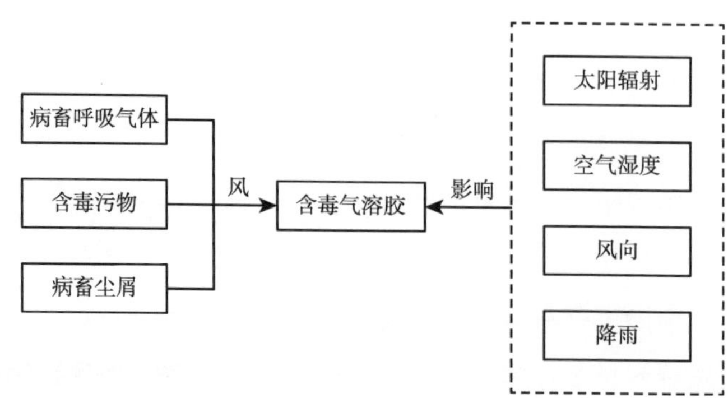

图3－7　口蹄疫空气传播

数据来源：根据公开资料整理。

（二）中国口蹄疫疫情通报情况

近年来，中国越来越重视口蹄疫疫情暴发情况，不断加强疫情的监测和预警。2010 年农业部出台了《口蹄疫防控应急预案》，指出要及早发现、快速反应和果断处置，省级动物疫病控制机构确诊暴发疫情为口蹄疫疫情后，及时向中国动物疫病预防控制中心汇报，然后进行对外通报。2005—2018 年，每年都有口蹄疫疫情发生，总通报次数波动变化，这 14 年累计共通报疫情 162 次，其中 O 型通报 79 次，A 型通报 37 次，亚洲 I 型通报 46 次（见表 3－10）。

表 3－10　　2005—2018 年中国口蹄疫通报次数

年份	总通报次数	O 型通报次数	A 型通报次数	亚洲 I 型通报次数
2005	10	0	0	10
2006	17	0	0	17
2007	8	0	0	8
2008	3	0	0	3
2009	15	0	7	8
2010	20	18	2	0
2011	7	7	0	0
2012	5	5	0	0
2013	23	6	17	0
2014	7	2	5	0
2015	3	0	3	0
2016	4	4	0	0
2017	13	11	2	0
2018	27	26	1	0
合计	162	79	37	46

数据来源：农业农村部。

近年来，中国口蹄疫暴发以 O 型和 A 型为主，亚洲 I 型口蹄疫已经实现全国免疫无疫标准。中国政府针对 O 型和 A 型口蹄疫防控以监测、通报、研制疫苗等为主，养殖户以消毒、接种疫苗、隔离、扑杀等配合政府防控工作。自 2018 年起，中国政府针对亚洲 I 型口蹄疫以监控、扑杀为主要防控措施，全国范围内已停止销售亚洲 I 型口蹄疫疫苗，养殖户无须再进行亚洲 I 型口蹄疫疫苗接种。2018 年中国共通报了 27 起口蹄疫疫情，是 14 年来最多的一次，流行形势更加严峻，暴发公共风险显著提高。

（三）中国口蹄疫发生情况

1. 口蹄疫疫点分布广泛

中国口蹄疫暴发疫点分布广泛，2016—2018 年，口蹄疫疫情分布共涉及 15 个省（区），分别为：贵州、宁夏、河南、甘肃、广西、新疆、湖北、安徽、山西、云南、广东、内蒙古、西藏、四川和江西。新疆发布口蹄疫次数最多，为 12 次，占比 27.3%，疫情主要发生在地域较偏的村或县，主要原因是新疆毗邻国家较多，周边国家疫情传入风险较高，同时，偏僻山村口蹄疫防控措施较弱。其次为贵州和广东，分别为 7 起和 6 起，其他地区口蹄疫暴发次数相差不大（见图 3－8）。

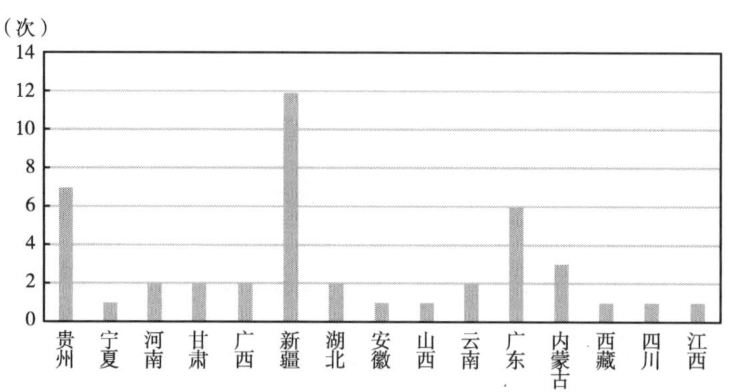

图 3－8　2016—2018 年中国不同省（市、区）口蹄疫暴发次数

数据来源：中国动物疫病预防控制中心。

2. 2018 年口蹄疫发生情况

2018 年中国口蹄疫共通报 27 起，其中猪、牛、羊口蹄疫均有发生。整体来看，从发生疫情的感染动物方面分析，2018 年 23 次口蹄疫疫情以牛羊为主，共报道 15 起，而猪口蹄疫疫情有 8 起。从发生疫情的病毒血清型方面分析，在这 23 次疫情中，发生 A 型口蹄疫疫情的只有 1 次，其余 22 次都是 O 型口蹄疫疫情，O 型毒株发病病例明显增加，其中 Mya－98、Cathay、Pan Asia、Ind－2001 毒株均有发病现象。贵州黔南洲长顺县、新疆乌鲁木齐米东区和广东中山市横栏镇口蹄疫暴发感染规模较大，发病数分别为283、271和327头。贵州黔南州三都县、河南安阳市内黄县和广东广州市天河区感染动物销毁数较多，分别为1493头、1200头和1244头（见表3－11）。虽然中国政府针对口蹄疫疫情下拨资金、建立档案、加强检测监督管理，但是不同地区仍然存在养殖户防疫水平参差不齐、防疫意识有高有低等问题，所以，各地区口蹄疫疫情发生次数有一定的差异。

表3－11　　　　2018年中国口蹄疫发生情况

序号	地区	品种	发病数（头）	型	销毁数（头）
1	贵州黔南洲长顺县	牛、羊	283	A	651
2	贵州黔南洲三都县	猪	42	O	1493
3	宁夏银川市兴庆区	牛	14	O	35
4	河南安阳市内黄县	羊	12	O	1200
5	甘肃临夏州临夏县	牛	2	O	35
6	广西岑溪市	猪	15	O	51
7	新疆哈密市伊州区	牛	6	O	41
8	湖北荆州市江陵县	牛	11	O	86
9	湖北黄冈市罗田县	牛	13	O	33
10	安徽芜湖市繁昌县	牛	16	O	52
11	山西忻州市忻府区	牛	2	O	60
12	贵州遵义市新蒲新区	牛	15	O	82
13	云南玉溪市新平县	猪	3	O	171
14	广西贵港市港南区	猪	2	O	—
15	广东广州市天河区	猪	32	O	1244
16	内蒙古通辽市科尔沁左翼中旗	牛	11	O	149
17	河南郑州市惠济区	猪	5	O	173
18	新疆巴州尉犁县	猪	63	O	171
19	内蒙古乌兰察布市兴和县	猪	36	O	100
20	甘肃高台县	牛	8	O	47
21	广东茂名市	猪	3	O	213
22	云南曲靖市	猪	1	O	—
23	内蒙古鄂温克族自治旗	牛	17	O	140
24	新疆乌鲁木齐米东区	牛	271	O	271
25	新疆和硕检查站拦截的牛	牛	13	O	74
26	新疆伊犁州伊宁县	猪	108	O	285
27	广东中山市横栏镇	猪	327	O	450

数据来源：农业农村部。

三、经典猪蓝耳病疫情

经典猪蓝耳病又称“猪繁殖和呼吸综合征”（Porcine Reproductive and Respiratory Syndrome，PRRS），是由猪繁殖与呼吸综合征病毒引起的一种猪的病毒性传染病，属于二类动物疫病。该疫病是由国外传入，中国1996年首次发现该病，其造成了许多规模化生猪养殖场出现“流产风暴”。经典猪蓝耳病会导致母猪早产、流产和死胎等繁殖障碍，还会导致仔猪和育成猪产生呼吸系统疾病，耳部呈现蓝紫色，属于免疫抑制病。目前，此病仍然在中国继续流行，是养猪户繁殖障碍和呼吸道疾病的重要疫病，给中国养猪业造成了巨大的损失，威胁生猪养殖业的健康可持续发展。但是，中国对该疫病的防控已经取得了显著的效果，其暴发的公共风险有所下降。

（一）经典猪蓝耳病流行特点

1. 主要易感动物是猪

经典猪蓝耳病的易感动物主要是猪，其他家畜和动物未见发病。不同品种、日龄、性别的猪都可感染经典猪蓝耳病病毒，但易感性有所差异，妊娠母猪和仔猪的感染率较高，仔猪感染猪蓝耳病病毒的死亡率可达80%～100%，而种公猪和老龄猪症状较温和，老龄猪感染后甚至可以自动痊愈。

2. 感染率较高

据相关资料显示，中国经典猪蓝耳病的自然感染率可达90%～100%。通过对全国各地养猪场进行PRRSV（猪繁殖与呼吸综合征病毒）抽样检查，结果显示，不同地区不同猪场的病毒感染情况不同，但是大部分养猪场猪蓝耳病抗体都呈阳性，感染率很高。

3. 隐性感染病例增加

2000年以前，中国母猪感染猪蓝耳病病毒后流产率可达55%～

75%，极易出现死胎、早产等现象，临床症状十分明显。2000年以后，中国母猪的流产率、产死胎率等都呈下降趋势，多数猪感染病毒表现为隐性感染，一般不出现或出现轻微的临床症状，但是，病毒可以存活于感染猪的血清、肺脏、淋巴结等组织中，更易造成猪之间的混合感染现象，从而导致猪群出现呼吸道症状，甚至死亡。隐性感染的猪会出现长期带毒现象，持续向环境中排毒，导致猪群更易出现繁殖障碍和呼吸道疾病。

4. 持续感染长期存在

猪蓝耳病病毒感染后会长期存活在猪体内，带毒排毒过程可达112天，一旦猪场的猪感染PRRSV，很难彻底根除。因为猪蓝耳病病毒可以通过胎盘和精液进行传播，所以仔猪会出现天生带毒现象并且长期持续性感染健康猪。

5. 易出现免疫抑制现象

猪蓝耳病病毒感染会损害猪肺部的巨噬细胞和淋巴细胞，使其功能减弱，最终造成猪的免疫功能下降。其中，仔猪症状表现更加明显，呼吸道和肺部的病情更加复杂，发病率和死亡率显著提高。在感染早期，猪更易出现免疫抑制现象，而且更容易导致猪肺疫、链球菌等多种病原感染。

6. 传播途径多样

经典猪蓝耳病共有4种传播方式，分别为：接触传播、空气传播、精液传播和垂直传播（见图3-9）。接触传播是指感染猪可通过直接接触易感猪或者接触受污染的器械、运输工具、畜舍、饮水等感染猪蓝耳病病毒，病毒在饮水中的存活期更长，病猪的唾液、乳汁、粪便、血液等都是直接传播的媒介物，感染猪在13周之内更易通过接触将病毒传染给其他易感猪；目前，实验表明，猪蓝耳病病毒空气传播只局限于短距离的气溶胶传播，远距离传播还有待证实；公猪可通过精液直接将猪蓝耳病病毒传染给母猪；感染母猪可以通过胎盘将病毒垂直传给仔猪，使仔猪天生带毒。传播猪蓝耳病的作用大小为：带毒猪 > 精液 > 运输 > 空气。

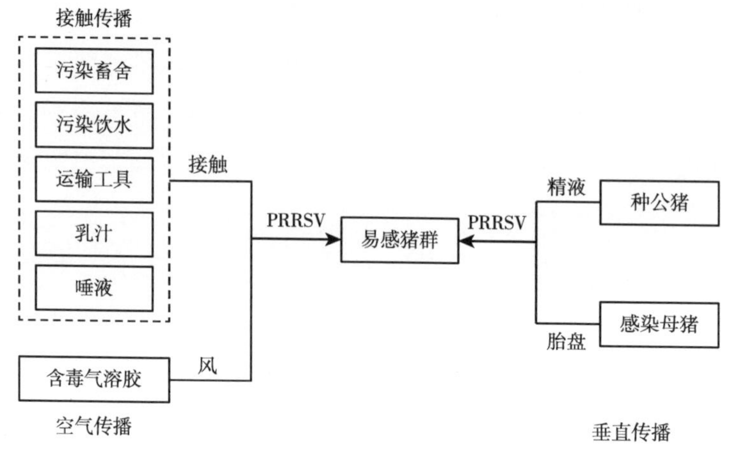

图 3-9 中国猪蓝耳病传播途径

数据来源：根据公开资料整理。

（二）经典猪蓝耳病发生情况

2010—2018 年，中国共发生了 387 次经典猪蓝耳病疫情，其中，2010 年疫情暴发次数最多，约占总发生次数的 30%，发病数、死亡数也是这 9 年来最多的一次，分别是 10724 头和 2375 头。2010—2013 年，中国经典猪蓝耳病发生次数呈逐年下降趋势，由 116 次减少到 35 次，说明此阶段中国针对经典猪蓝耳病的防控工作十分到位，取得了很好的效果。虽然 2014 年中国经典猪蓝耳病的发生次数有小幅上涨，但是之后 3 年又有下降趋势。2018 年疫病发生次数较 2017 年多了 9 次，发病数、死亡数较前 3 年明显增加。整体来看，9 年来，中国政府已经研发出有成效的经典猪蓝耳病疫苗，经过政府的疫苗推广和养殖户的配合接种免疫，经典猪蓝耳病发生次数有所减少，其防控已经取得了阶段性的进展，危害公共风险降低，但是，经典猪蓝耳病仍有一定的威胁性（见表 3-12）。

表 3-12　　　　中国经典猪蓝耳病发生情况

年份	发生次数（次）	发病数（头）	死亡数（头）	扑杀数（头）
2010 年	116	10724	2375	118
2011 年	67	1069	132	1
2012 年	43	1388	270	3
2013 年	35	424	159	3
2014 年	53	1347	161	0
2015 年	21	594	114	0
2016 年	13	852	116	0
2017 年	15	625	323	17
2018 年	24	1038	526	822

数据来源：根据《兽医公报》公开资料整理。

1. 经典猪蓝耳病暴发范围广

2010—2018 年，中国经典猪蓝耳病发生疫点分布广泛，共覆盖了 21 个省市，包括东部地区 7 个省份（浙江省、广东省、上海市、江苏省、河北省、山东省和福建省），中部地区 6 个省份（河南省、湖南省、湖北省、安徽省、江西省和吉林省），西部地区 8 个省份（重庆市、宁夏回族自治区、广西壮族自治区、四川省、山西省、云南省、甘肃省和青海省）。东部地区共发生经典猪蓝耳病 57 次，约占总发生次数的 14.7%；中部地区共发生 193 次，占比 49.9%；西部地区共发生 136 次，约占 35.1%。这说明中国中部地区更易发生经典猪蓝耳病疫情。从图 3-10 看出，中国经典猪蓝耳病主要发生在湖北省和重庆市两个地区，其中，湖北省累计发生疫情 96 次，其次为重庆市 71 次，两个地区疫情发生次数之和约占疫情总发生次数的 43.2%。湖北省和重庆市都是中国养猪大省（市），而且两地毗邻，一旦有经典猪蓝耳病暴发，在基数大的前提下，很容易大范围扩散。由于中国生猪及其产品市场需求量大，跨省市运输交易是满足市场需求的必然选择，伴随着政府监测不到位、养殖户防控不完善等问题，经典猪蓝耳病十分容易在各地区之间扩散传播，造成疫情覆盖范围广。

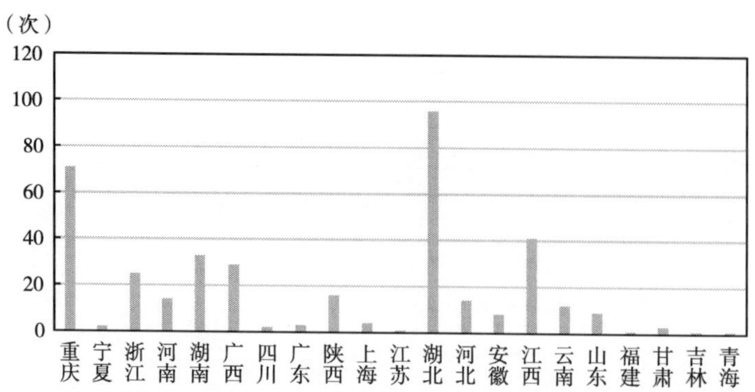

图 3－10　2010—2018 年中国经典猪蓝耳病各地区发生次数

数据来源：根据《兽医公报》公开资料整理。

2. 经典猪蓝耳病发生频率高

2016—2018 年，中国经典猪蓝耳病疫情基本每个月都有发生，呈 W 形波动变化（见图 3－11）。1—5 月疫情发生次数呈下降趋势，从 24 次下降到 7 次，达到第一个低谷；6—8 月，疫情发生次数大幅上升，达到 73 次，9 月达到第二个低谷；10—12 月，中国经典猪蓝耳病疫情发生次数较稳定，保持在 42 次。整体来看，中国经典猪蓝耳病疫情更易发生在高热、高湿季节，此时政府和养殖户需要进一步加大防控力度。

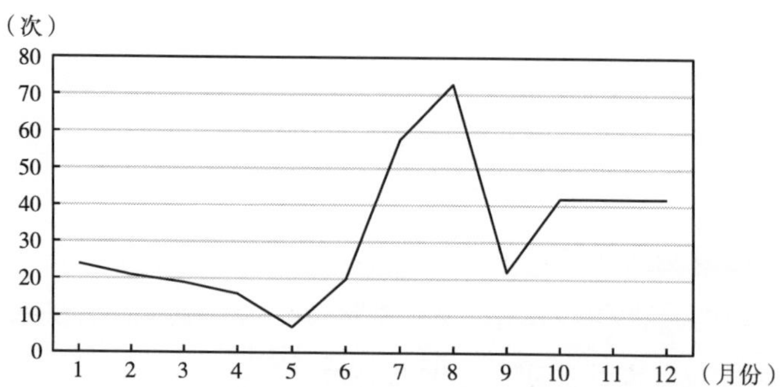

图 3－11　2010—2018 年中国不同月份经典猪蓝耳病发生次数

数据来源：根据《兽医公报》公开资料整理。

第四节　中国动物传染病 SIR 模型风险分析——以禽流感为例

一、模型建立

针对禽流感疫情的 SIR 模型，共建立 4 个假设：

SIR 模型中的 S 表示易感者（容易受到禽流感传染的鸡群，属于健康鸡群），I 表示感染者（已经受到禽流感感染的鸡群），R 表示移出者（患禽流感的病鸡治愈后的鸡群）。

模型符号：N 表示研究鸡群的总鸡数，S_t 表示 t 时刻易感者的数量比例、I_t 表示 t 时刻感染者的比例、R_t 表示 t 时刻移出者的比例、β 表示易感者的感染概率、γ 为禽流感病鸡的恢复率。

（1）在禽流感传播期间，环境封闭，不考虑这段时间内鸡群的出生、死亡等的影响，所以鸡群总数看成是常数，记为 N，即

$$S_t + I_t + R_t = N$$

（2）在 t 时刻的单位时间内，患禽流感的病鸡其传毒能力基本一致，每只感染鸡感染的鸡数与易感鸡成正比，所以被感染鸡感染的鸡数为 $\beta S_t I_t$。

（3）在 t 时刻的单位时间内，患禽流感的病鸡其被治愈的概率基本都一致，因死亡、隔离、痊愈等原因被移出的鸡数与感染鸡成正比，所以感染鸡感染的鸡数为 γI_t。

（4）患病鸡经治愈后将产生抗体，不会再感染禽流感病毒。根据假设，SIR 模型传染机制为如图 3－12 所示。

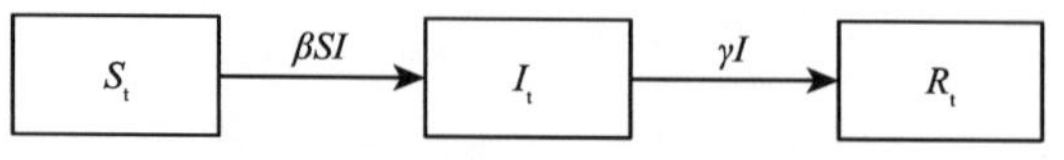

图 3－12　SIR 模型传染机制

数据来源：根据公开资料整理。

经过 2016—2018 年禽流感疫情资料汇总，给 β 初始赋值为 0.75，给 γ 初始赋值为 0.4，时间赋值为 70 天。

$$\begin{cases} dS/dt = -\beta S_t I_t \\ dI/dt = \beta S_t I_t - \gamma I_t \\ dR/dt = \gamma I_t \end{cases}$$

二、分析结果

由图 3－13 可知，随着时间的推移，禽流感感染鸡的比例在 10 天左右急速上升，之后缓慢下降，说明中国禽流感疫情暴发后在前 10 天左右传染态势较猛烈，感染鸡数量大幅上涨，之后随着及时的控制，感染鸡数量逐渐减少，但是在短时间内，禽流感感染鸡很难消除干净；禽流感易感鸡在前 8 天易感率几乎为 100%，之后持续下降直至趋于稳定，在 10～20 天内易感鸡比例下降最快，说明中国鸡群在前几天禽流感易感率极高，很短时间内不易控制病毒的扩散，但是在 10 天以后，相关防控队伍会对禽流感病毒进一步攻克，给鸡群注射免疫疫苗大大降低其易感性；移出鸡比例持续稳定上升直至趋于稳定，在 10～30 天内恢复率提升较快，说明中国政府在出现禽流感后及时采取了相应的防控措施，鸡群恢复率显著提升。

综上可知，中国禽流感疫情暴发后，在 10 天左右给全社会造成危害的公共风险最高，此时禽流感感染鸡和易感鸡比例都很高，移出鸡比例较低，禽流感疫情传播扩散风险较大，不能得到有效的控制；在禽流感疫情发生后的 15～40 天期间，其危害的公共风险有所降低，防控工作取得一定的成效，感染鸡和易感鸡比例显著下降，移出鸡比例显著提升；禽流感疫情发生40天以后，其防控措施已经十分成熟，此时感染鸡和易感鸡比例几乎为0，移出鸡比例几乎为1，疫情造成社会危害的公共风险很低。

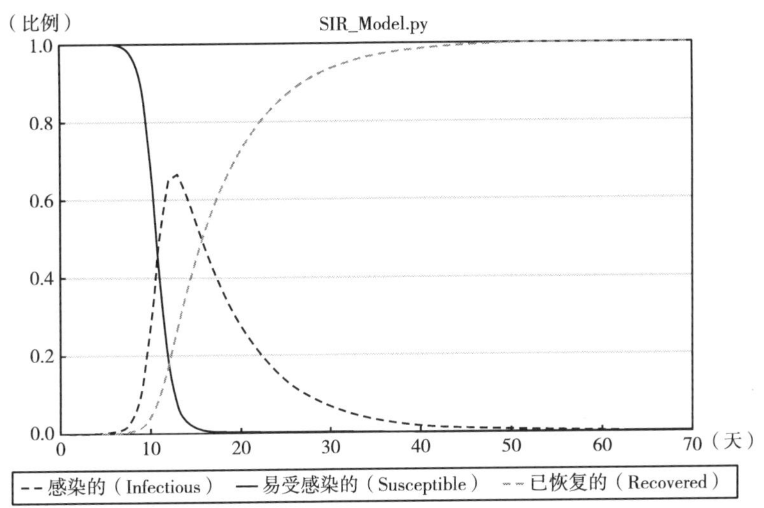

图3-13　中国禽流感疫情SIR相轨图

数据来源：模型分析。

第五节　小　　结

本章主要从中国重大动物疫病概况、发展趋势、主要重大动物疫病流行情况方面介绍了中国重大动物疫病公共风险现状，并以禽流感为例进行了SIR模型风险分析。中国已有的重大动物疫病达到94种，随着中国的快速发展，疫病种类增加风险显著提升，其造成的经济损失风险也进一步提高；经《兽医公报》统计，中国重大动物疫病出现了新的流行趋势，动物疫病的传播速度、范围、病毒危害性等显著提升。2016—2018年，有14种疫情对中国养殖业危害性较高，口蹄疫、猪瘟、鼻疽3种疫情未来继续暴发的公共风险较高，猪囊虫病、猪丹毒、猪肺疫、鸡马立克氏病4种疫病防控效果较好，未来暴发的公共风险有所下降，绵羊痘和山羊痘、新城疫、猪繁殖和呼吸系统综合征等动物疫病的暴发风险波动变化。近几年，中国禽流感疫情发生有增加趋势，病毒变异出新的亚型，疫情覆盖范围与易感动物种类都有扩大，对社会造成危害的公共风险有所提升。中国口蹄疫疫情暴发有增加趋势，流行毒株不断变异，目前主要以O型和A型为主，疫点覆盖省份较多，危害公共风险较大。中国猪蓝耳病疫情防控效果较好，危害公共风险降低，但是仍不能放松警惕。最后，运用SIR模型分析了禽流感疫情暴发全过程的风险情况，可知禽流感疫情暴发后10天左右传播最快，严重影响社会稳定的公共风险最高，之后危害性逐渐下降，直至几乎为0，整个疫情防控工作取得成功。

第四章

中国重大动物疫病信息处理与方法创新

不可否认，灾难总是伴随着人类社会发展的历史应运而生，漫长的历史长河中产生了地震、洪涝、干旱等一系列自然灾害；除此之外也不乏重大交通事故、矿难、化学爆炸等人为灾害事故；诸多的公共卫生事故灾害如流感、霍乱、SARS 等更是对人类健康以及社会平稳运行造成了重大危害，比如近期首次传入中国并对猪肉与食品价格造成剧烈冲击的非洲猪瘟疫情。全球化与信息化时代的到来，并未减少风险的存在，相反，伴随着科技进步和信息爆炸，风险依然如影随形，每个人都暴露在风险之下，人类社会也面临着生存环境的考验。

第一节　重大动物疫病公共危机测报体制

2003 年 SARS 疫情暴发以来，人们对于重大动物疫病的关注度逐渐提高，政府对于新形势下加强突发卫生公共事件处置工作的重视程度逐步提高。2018 年首次传入中国的非洲猪瘟疫情对中国生猪产业的发展造成了重大冲击。据农业农村部数据，截至 2019 年 8 月，全国有 31 个省（市、自治区）总计报告发生 147 起疫情，累计扑杀和死亡的生猪数量达 112.76 万头。疫情不仅给农业产出和农民收入带来了显著负面影响，也给消费市场带来了消极影响，造成猪肉价格大幅度飙升并显现其宏观效应。截至2019年8月，中国消费物价指数（CPI）同比上涨2.8%，其中猪肉价格的上涨因素贡献接近4成。疫情还使得中国肉类产品贸易结构发生变化，2019年7月以来中国增加了对相应肉蛋类产品的进口。

由此可见，重大动物疫病所带来的影响不是单一的，而是多方面的，对于中国经济的平稳运行、消费者食品安全、社会的稳定均会产生不同程度的影响，而中国在重大动物疫病公共危机管理信息处理方法上相对传统。本章通过对重大动物疫病公共危机传播过程中信息数据（疫情潜伏环节数据、暴发环节数据、演化环节数据、响应环节数据）进行收集、存储，构建重大动物疫病公共危机大数据平台框架，实现重大动物疫病公共危机管理在信息处理方法上的创新。

一、现有动物疫病测报体系

1998年以来，中国相继在省、市、县、乡建立了四级动物疫病报告体系及有关单位和个人报告疫情的制度；此外还建设了国家动物疫病检测体系，由国家级与省级动物疫病测报中心、动物疫病与边境动物疫病监测站以及相关技术支撑单位组成。这一体系为中国重大动物疫病公共危机管理提供了必要的信息支持，发挥了显著的效果，如图4-1所示。

根据《中华人民共和国动物防疫法》，中国按照不同的动物疫病对养殖业生产与人体健康危害程度的不同，将动物疫病分为三类：（1）一类疫病，是指对人与动物危害严重，需要采取紧急、严厉的强制预防、控制、扑灭等措施的；（2）二类疫病，是指可能造成重大经济损失，需要采取严格控制、扑灭等措施，防止扩散的；（3）三类疫病，是指常见多发、可能造成重大经济损失，需要控制和净化的。一、二、三类动物疫病具体病种名录由国务院兽医主管部门制定并公布。可以说，中国的动物疫病报告体系与动物疫病监测体系构成了中国动物疫病的测报体系。

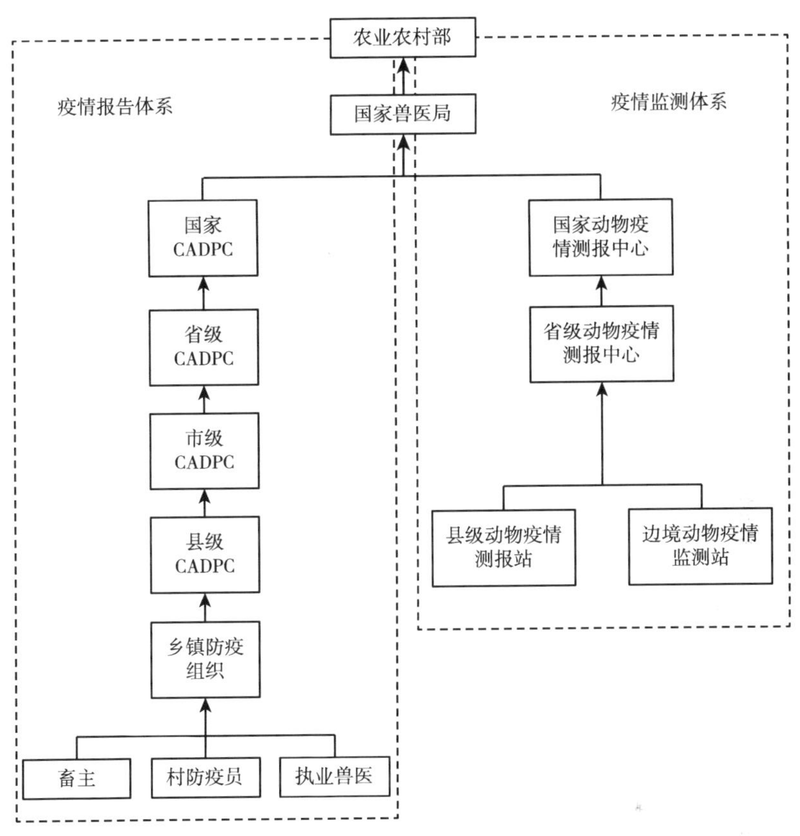

图 4-1　国家动物疫病测报体系示意图

数据来源：根据公开资料整理。

二、中国重大动物疫病处置流程

在中国，重大动物疫病公共危机的处置流程是根据动物疫病的严重程度不同逐级上报并进行处理。在养殖场，屠宰、加工经营单位，散养畜禽的自然村发现动物疫病并就地成为疫情报告点，将疫情报至乡镇一级的指挥部，乡镇指挥部将疫情再上报至县级指挥部，县级指挥部立即派技术人员赴现场进行检查处理，发现异常后继续向上一级上报并告县级人民政府；市级指挥部根据所上报的疫情情况在 2 小时内派专家赴现场进行流行病学调查、临床检查、解剖检验等工作，在确认可疑后继续上报并告市级人民政府；由此，经省级指挥部确认疫情后最终上报至农业农村部，农业农村部确诊重大动物疫病发布疫情信息和解除封锁信息，并根据动物疫病级别制定后续的处理措施，其中一级疫情、二级疫情与三级疫情的发生分别由国务院应急指挥机构、省级人民政府指挥机构与地（市）县人民政府指挥机构发布不同级别的应急预案来应对疫情的发生，如图 4－2 所示。

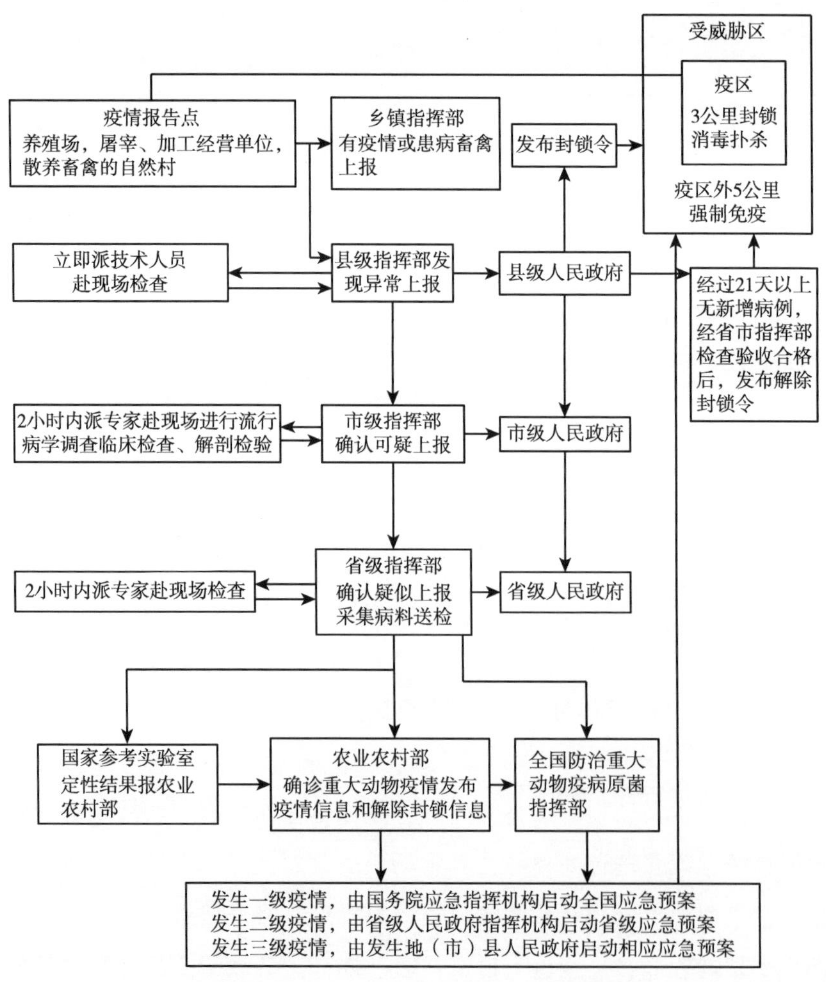

图 4－2　中国重大动物疫病处置流程图

数据来源：根据公开资料整理。

第二节　重大动物疫病大数据信息防控

一、大数据信息对重大动物疫病防控的意义

在人工智能时代，包括政府企业在内的大数据信息对于重大动物疫病防控的意义非常重大。已有研究充分证明，大数据能够提高对公共卫生突发事件的追踪和响应能力、对重大动物疫病早期预警信号的发现能力，以及提高对疫病诊断性检测方法与治疗方法的研发能力。

在过去 50 年中，随着全球经济发展，现有动物疫病的传播和新的传染性病原体的出现概率大幅增大。这些与社会经济日益紧密相关的活动也产生了大量的信息数据，反过来提供了对重大动物疫病大数据防控的新的认识，从而可以更有效地管理动物和人类健康风险。近年来，大数据伴随着物联网的发展而更趋成熟完善，也凸显了互联网所互联的各种传感器的日益普及。因此，要充分利用这类防控重大动物疫病的数据及其复杂性，并应根据其时间与空间维度的变化以适应数据质量的变化，借助数据库、地理信息系统以及新兴的云数据存储工具对疫情数据进行分析，为疫情防控做准备。

在大数据分析所选取的方法方面，尽管过去一直主要关注统计科学，但新兴的数据科学学科反映了需要整合各种数据源并使用新颖的数据和知识驱动的方法进行开发所带来的挑战。数据建模的方法能够同时体现定量分析和定性分析方法的价值；机器学习回归方法比传统的回归方法更强大，并且可以更快地处理大型数据集，现在也用于分析疫情的空间和时间数据；多标准决策分析方法如今在大数据防控方面得到越来越多的关注，部分原因在于重大动物疫病的防控需要越来越多地组合来自各种来源的数据，包括已发布的科学信息和专家意见，以填补重要的知识空白。

从以上这些重大动物疫病大数据分析所取得的进展来看，其对有效地预防、发现和控制重大动物疫病的贡献是巨大的，但是鉴于这些数据的类型不同且发生的频率也不同，对于疫情防控也并非将风险化为零，因此只能说在一定程度上为重大动物疫病的防控提供了一种有限的可能。

二、大数据信息在重大动物疫病防控的应用

事实上，早在 2003 年 SARS 疫情之后，中国就建立了一套完整的疫情监控防治体系。大数据作为一种战略资源，在疫情防控方面具有一定的预测潜力。

一是大数据能够为动物疫病的暴发提供预警。中国拥有世界上最大的手机电信用户与网络用户，利用庞大的电信大数据，能够为动物疫病防控提供强有力的信息数据支撑，信息数据在动物疫病溯源、分析动物疫病情况及疫情研判方面作用显著，具有全面性、动态性、实时性的特点。按照《网络安全法》《突发事件应对法》《突发公共卫生事件应急条例》等相关规定，采集分析用于疫情防控的相关数据，为动物疫病的防疫发挥技术方面的优势。

二是大数据的挖掘可以辅助监测动物疫病及其应急处置。由中国动物卫生与流行病学中心所构建的动物疫病防控舆情平台即起到动物疫病的辅助监测作用。这一平台主要对互联网上涉及的大量动物疫病舆情信息进行采集分析，并对这些舆情进行后续的定向监测，以此来汇总得出社会公众对于网络动物疫病舆情的态度，充分利用了信息数据这一资源。除中国外，国外也不乏利用网络信息数据辅助监测动物疫病的案例。2014 年 Blo-Caster 系统根据网络舆情信息建立了跟踪传染病分布系统，并通过新闻报道发掘了暴发于西非的埃博拉疫情，这一网络系统监测相较官方发布提前了 9 天。2003 年的 SARS 疫情，早在世界卫生组织官方宣布此次疫情的前两个月，加拿大的全球公共卫生情报网络（GPHIN）即通过大数据的挖掘

最早监测到了疫情，可见大数据的辅助监测功能具有更鲜明的时效性的优势，对于后续动物疫病的应急处置具有重要的辅助作用。

三是利用大数据可以辅助临床医生做出科学决策。根据动物疫病成功的防控经验，将动物疫病防控过程阶段的研究成果与数据信息整合成数据库，为后续更多的疫病风险因素提供数据支撑，进而提出更多可供借鉴的措施方案。利用大数据数据库平台，可以推进相关兽医临床诊断的进一步发展，目前来讲，仍存在部分兽医临床诊断以传统的个人经验与过往案例作为依据的现象，基于高质量的动物疫病相关数据资源可为兽医循证医学的发展提供科学支撑，进一步辅助推动临床医生做出科学决策，推进动物健康发展。国外不乏利用大数据平台辅助临床决策的案例，如英国皇家兽医学院研究开发的 VetCompass 平台，为临床医生提供科学的病原学、微生物医学以及完善的动物疫病防控数据，为兽医科学提供了强力支撑，完善了动物疫病防控的科学决策范围。

三、重大动物疫病应急管理指挥平台构建设想

如上所述，重大动物疫病属突发公共事件，近年来经历 SARS、禽流感等重大突发公共卫生事件的防控后，中国在突发事件的监测预警与应急指挥等方面积累了相当的经验。针对重大动物疫病公共危机，国家相关部门颁布出台的《国家突发公共实践总体应急预案》《重大动物疫病应急条例》《中华人民共和国动物防疫法》等文件为处理疫情公共危机事件提供了制度保障，并形成了以动物疫病应急管理预案、应急法制、应急管理体制与应急管理机制的“一案三制”为核心内容的动物疫病应急管理体系，为重大动物疫病公共危机应急处理起到了重要作用。但在重大动物疫病实际防控的过程中，仍存在着应急管理运行机制不顺、应急指挥调度不灵敏、应急管理决策不科学等一系列问题，故建立起一个有效的重大动物疫病应急管理指挥平台显得尤为重要。如今，社会早已步入信息化数据化时

代，如何充分合理结合信息化数据，完善重大动物疫病信息管理系统，创新动物疫病应急管理指挥平台构建，对于重大动物疫病公共危机的化解具有重大的意义。基于此，本书拟将疫情信息管理系统、疫情预测预警系统、疫情视频监控系统、疫情信息发布系统、疫情医疗救治系统、疫情应急指挥系统、疫情模拟演练系统、疫情平台维护系统这8项系统进行整合，构建重大动物疫病应急管理指挥平台，具体如图4－3所示。

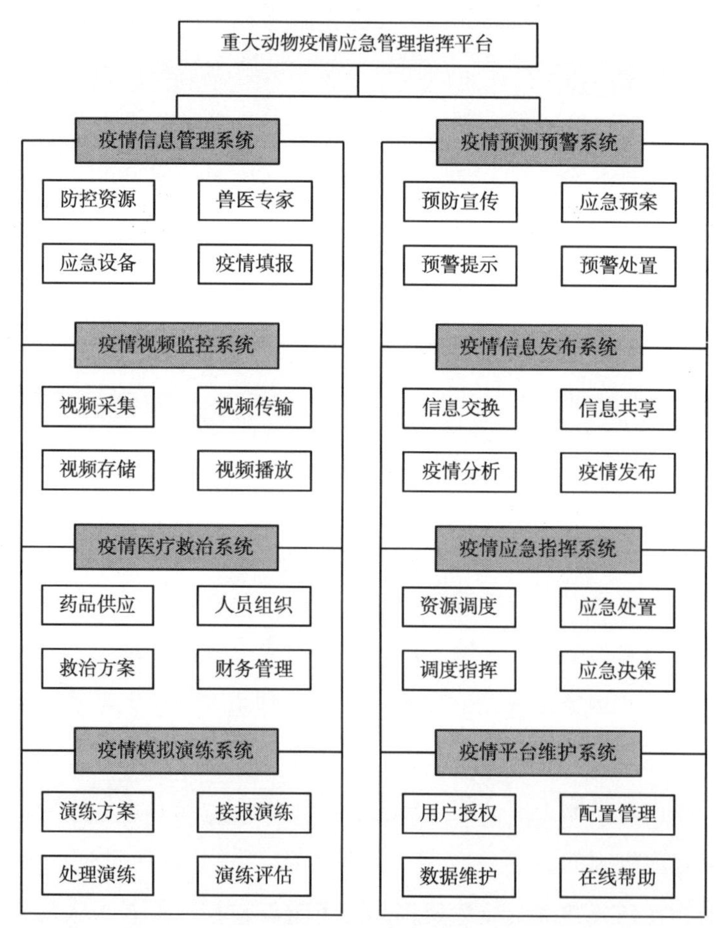

图4－3　重大动物疫病应急管理指挥平台架构

数据来源：根据公开资料整理。

由图4－3可见，疫情信息的全方位管理通过对疫情防控资源、应急设备、兽医专家以及疫情填报等信息进行搭建；疫情预测预警系统通过对分析数据的处理对重大动物疫病制定应急预案、进行预防宣传、发布预警提示以及制定相应的预警处置措施；疫情视频监控系统能够实时浏览疫情的视频信息，这需要通过地理信息系统视频技术集成疫情视频监控资源；疫情信息发布系统实现动物疫病信息交换、信息共享、疫情分析与疫情发布的工作；疫情医疗救治系统实现对重大动物疫病公共危机进行药品供应、提出救治方案并做好人员组织与财务管理的工作；疫情应急指挥系统完成重大动物疫病资源调度、应急处置、调度指挥与应急决策工作；针对重大动物疫病的疫情预案，模拟演练系统可以模拟调用各种数据资源进行演练，并在演练结束后完成相应的评估；疫情平台维护系统通过用户授权，实现在线配置管理与数据维护工作，并为客户提供在线帮助，保证重大动物疫病应急指挥管理平台的正常运行。如上所述，所构建的重大动物疫病应急指挥管理平台通过对信息大数据的处理，进一步提高了重大动物疫病预警预报的可靠程度与科学合理性，为有效防控重大动物疫病公共危机、确保社会稳定、中国经济平稳运行以及人民群众健康提供有效的保障。

第三节　动物疫病公共危机大数据信息平台框架构建

通过对中国现有的动物疫病测报体系与中国重大动物疫病的处置流程进行总结分析，不难发现，中国已建立起相对完善的重大动物疫病监测报告体系，各级政府与兽医行政管理部门根据动物防疫监督机构提供的监测信息，按照重大动物疫病的发生、发展规律特点做出及时的预警与报告工作，报告程序较为完备。

然而，随着动物饲养模式、数量的不断变化，动物疫病病原不断变异，病原种类日趋多样、复杂，国内外动物疫病防控工作形势日益严峻，动物疫病监测工作难度和压力不断加大，提高重大动物疫病监测预警和应对动物卫生突发事件能力，及时发现和预警疫情隐患，有效地控制、减轻和消除突发事件引起的严重社会危害，维护公共安全，保护人民生命财产至关重要。随着科技的发展，社会已经步入信息与大数据时代，动物疫病防治、公共危机的处理同样离不开信息时代的支撑。开展动物疫病监测信息化建设工作，获取动物疫病处理的全过程信息数据，构建重大动物疫病大数据平台框架，实现动物疫病公共危机信息处理方法上的创新是实现当今动物疫病防控、完善中国重大动物疫病风险评估体系的必要之举。

一、动物疫病信息系统的构建

（一）信息采集

拓宽信息采集渠道，细化数据采集粒度，根据实际工作需求，完善信息采集模式和内容。采集所有疫点疫情疫病信息，细化采集指标项，至少包括疫点名称、疫点类型、疫点地理位置、疫病诊断实验室、样品种类等内容，指标可以快速及时地动态式增加。系统应提供在线填报和模板导入等多种信息采集方式，同时提供数据校验和数据比对等预处理功能。

（二）信息处理

信息处理包含疫情信息逐级上报和审核功能，数据报送成功后，上级单位需进行人工审核，并根据实际情况填写审核意见。系统应提供数据汇总展示、上报和审核等功能。

（三）查询统计

满足不同维度查询检索和统计要求，对于常用的查询条件可预先设置并保存，同时，提供自定义查询统计功能，包含但不限于如下内容：

（1）根据场点、样品种类和疫情处置结果等条件对疫情疫病信息进行查询统计；

（2）根据地址（包括省、市、县和地理坐标）对疫情疫病信息进行查询统计；

（3）根据时间、场点类型等条件对疫情疫病信息进行查询统计；

（4）能够支持模糊条件查询，查询结果可按指定字段进行排序；

（5）查询统计结果能够按照 excel、word、pdf 等格式进行导出。

二、动物卫生监测信息统计分析

动物疫病信息系统要实现与智能分析系统融合，将动物疫病检测过程中产生、获取、处理、存储、传输和使用的一切信息资源统一汇集起来，再规范和完善数据、资料的统一性，使系统可对平台内所有动物卫生监测信息进行快捷、灵活地抓取、汇总、综合调用和分析，能对系统数据进行高效的数据抽提、整合、钻取等综合分析。

（一）数据抽取

疫情信息系统建设完成后，与现有智能分析系统融合，将疫情信息系统内的数据按照不同维度进行数据分割，完成数据抽取与数据融合。

（二）数据集市建立

基于数据抽取功能，将已经抽取的数据按照既定的规则生成相应的数据集市。

（三）决策支持类分析

系统可以为领导决策提供辅助支持。根据不同分析维度，分析各类疫病和其他条件的关系，找出关联性。通过联串分析，针对不同疫病设定预警警戒线，建立初步的分析预警模型，为重大动物疫病防控决策提供辅助。

拟构建的重大动物疫病公共危机大数据平台框架，通过重大动物疫病公共危机传播过程中信息数据（疫情潜伏环节数据、暴发环节数据、演化环节数据、响应环节数据）进行收集、存储，包含重大动物疫病潜伏、疫病暴发、舆情演化、应急响应 4 个环节的疫病检测系统、疫情上报系统、损害评估系统、应急管理系统、舆情检测系统、管理决策系统 6 个系统（见图 4 -4），实现重大动物疫病公共危机管理在信息处理方法上的创新。

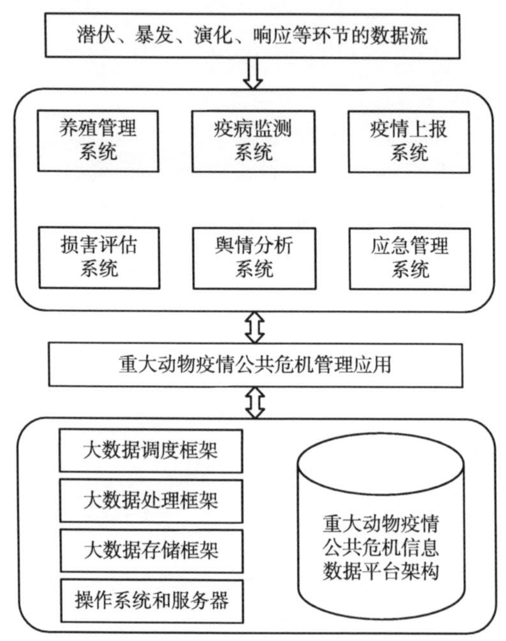

图 4 -4　重大动物疫病公共危机信息数据平台架构

| 第五章 |

中国重大动物疫病公共风险评估分析

第一节 重大动物疫病公共风险评估指标体系构建

一、重大动物疫病公共风险评估指标选取

如前所述，通过对重大动物疫病公共危机传播过程中信息数据（疫情潜伏环节数据、暴发环节数据、演化环节数据、响应环节数据）进行收集、存储，本书构建了重大动物疫病公共危机大数据平台框架，在此基础上本书根据如上数据，在结合已有关于重大动物疫病公共危机处理的文献，通过对 OIE 法典、OIE - PCP - FMD 手册、《APHIS 区域动物疫病状况认可信息目录》《无规定动物疫病区评估指南》等相关文献的充分学习，参考《中华人民共和国突发事件应对法》《中华人民共和国动物防疫法》《国家突发公共事件总体应急预案》等相应法律法规及工作规范的基础上，选取了由目标层（重大动物疫病公共风险评估）、准则层、指标层（重大动物疫病公共风险评估的一级指标、二级指标）组成的风险评估指标体系。

二、重大动物疫病公共风险指标体系的构建原则

重大动物疫病公共风险评估指标体系的构建要遵循科学性、全面性、重要性、可行性和可操作性这四个原则，以构建涵盖从动物养殖到疫病监测再到舆情监控以及应急管理的全过程指标。

其中，科学性原则即以科学理论为指导，遵循动物疫病防控、动物疫病应急管理科学的客观规律下构建相应的风险评估指标；全面性原则要求动物疫病风险评估这一动态过程中应确保风险评估指标的全面覆盖，能够将风险评估动态过程的全过程、对影响因素演变的全过程进行覆盖，充分考虑各指标的具体特点；重要性原则要求重大动物疫病风险评估的指标选取要具有代表意义，在指标选取的过程中要分析对重大动物疫病影响重大的因素，充分考虑不同指标的权重，保证在风险评估过程中关键风险点的覆盖；可行性和可操作性原则要求在构建指标体系的过程中单一项指标要易于采集量化，指标构建的数据资料要有据可循，便于操作。

第二节　重大动物疫病公共风险评估指标体系的选定

通过如前对重大动物疫病公共危机大数据平台框架的构建，并根据重大动物疫病指标选取的科学性、全面性、重要性、可行性和可操作性原则，构建重大动物疫病公共风险评估指标体系。指标的选取包括从重大动物疫病公众认知、养殖管理、疫情上报、检疫监管、舆情监控、应急管理各环节的具体细分指标，如表 5 -1 所示。

表 5－1　　　　重大动物疫病公共风险评估层次结构

目标层	准则层	指标层
中国重大动物疫病公共风险评估	公众认知	重大动物疫病了解程度
		风险规避意识
		风险决策行为
	养殖管理	免疫保护水平
		养殖理性水平
		易感动物养殖密度
		养殖防疫制度完善度
		养殖档案完善度
	疫情上报	报告及时程度
		上报程序完整程度
		上报记录真实程度
	检疫监管	动物、动物产品出入境管理
		交易市场监管
		地区内流通监管
	舆情监控	舆情响应速度
		预警方式完善度
		舆情监控范围
		舆情扩散控制力
	应急管理	应急准备完善程度
		应急策略完善度
		应急资源满足能力
		应急处置能力
		紧急免疫保障
		扑杀补偿保障

此指标体系由目标层、准则层和指标层组成。递阶层次结构的建立：依据评估指标的建立原则分析重大动物疫病风险性评估指标的基本性质、指标之间的相互关联以及层次隶属关系，将中国重大动物疫病公共风险分为 6 个方面，具体包括 24 项指标。

一、重大动物疫病公共风险排序

风险中最重要的两个特性是不确定性和危害性。危害程度（权重）和危害不确定性（概率）构成了风险期望值。本书应用德尔菲法，依据 risk matrix 模型，对风险影响严重程度和风险发生概率、风险等级评定等进行测度，并构建重大动物疫病公共危机严重程度对照表（见表 5－2）。

表 5－2　重大动物疫病公共危机严重程度对照

严重程度	级别	判定标准	说明
危急（critical）	5	4.5～5	重大动物疫病公共危机对社会公众等部门所造成的严重程度极深，且难以挽救
严重（serious）	4	3.5～4.5	重大动物疫病公共危机对社会公众等部门所造成的严重程度严重，挽救存在相当困难
一般（moderate）	3	2.5～3.5	重大动物疫病公共危机对社会公众等部门造成一定损害，但程度一般，有补救措施
不严重（minor）	2	1.5～2.5	重大动物疫病公共危机对社会公众等部门造成轻微影响，但程度一般，有补救措施
轻微（negligible）	1	1～1.5	重大动物疫病公共危机对社会公众等部门造成的影响轻微，有补救措施

如表 5－2 所示，将重大动物疫病危机对社会公众等部门的影响的严重程度由危急到轻微划分为 5 个等级，其严重程度越高，则疫情公共危机所造成的影响越深，越难以挽回。通过构建此排序方法，为测度重大动物疫病公共风险的严重程度提供参照。

二、指标体系风险后果分析

通过德尔菲法，根据疫情危机严重程度等级对照表对 24 个风险关键点的风险后果划分等级，对 6 个风险模块的 24 个风险关键点后果的影响严重程度等级进行汇总，通过对风险指标体系的分析，以每个指标量化之后的得分平均值占总体系总分的比值作为权重，分配权重后进行加权求和，得到每个指标板块的严重程度级别和排序结果，以此测度疫情危机风险影响的严重程度，结果见表5-3。

表5-3 重大动物疫病风险指标严重程度级别与排序结果

风险因子模块	各类风险因子对重大动物疫病公共危机的影响后果	等级	权重	各模块平均值	排序
公众认知	1. 对重大动物疫病较低的了解程度导致重大动物疫病公共危机的风险严重程度加大	critical	0.0533	4.29	2
	2. 公众较低的风险规避意识导致重大动物疫病公共危机影响严重程度加大	critical	0.0533		
	3. 不合理的风险决策行为导致重大动物疫病公共危机影响严重程度加大	serious	0.0395		
养殖管理	4. 免疫保护水平低导致发生动物疫病的风险的可能性加大	critical	0.0518	3.77	4
	5. 不同的养殖理性水平对于重大动物疫病发生的风险不同	minor	0.0257		
	6. 易感动物养殖密度高导致发生动物疫病的风险加大	critical	0.0502		
	7. 养殖防疫制度完善度低导致重大动物疫病发生的风险加大	critical	0.0493		
	8. 养殖档案完善度低导致发生动物疫病的风险加大	moderate	0.0291		
疫情上报	9. 疫情报告不及时使发生重大动物疫病的风险加大	critical	0.0533	4.10	3
	10. 不完整的上报程序使发生重大动物疫病的风险加大	moderate	0.0334		
	11. 疫情上报真实程度低使发生重大动物疫病的风险加大	critical	0.0529		
舆情监控	12. 对疫情舆情的响应速度低使疫情危机造成的影响加大	serious	0.0383	3.37	6
	13. 疫情预警方式完善度低使疫情危机造成的影响加大	critical	0.0483		
	14. 疫情舆情监控范围低导致疫情危机影响加大	moderate	0.0372		
	15. 疫情舆情扩散控制力低导致疫情危机影响加大	moderate	0.0280		

续表

风险因子模块	各类风险因子对重大动物疫病公共危机的影响后果	等级	权重	各模块平均值	排序
应急管理	16. 疫情应急准备完善程度不足加剧疫情危机影响	critical	0.0537	4.46	1
	17. 疫情应急策略完善程度不足加剧疫情危机影响	critical	0.0533		
	18. 疫情应急资源满足能力不足加剧疫情危机影响	serious	0.0468		
	19. 疫情应急处置能力不足加剧疫情危机影响	critical	0.0533		
	20. 紧急免疫保障能力不足加剧疫情危机影响	serious	0.0426		
	21. 发生动物疫病后的扑杀补偿保障措施不到位加剧疫情危机影响	critical	0.0525		
检疫监管	22. 动物及动物产品出入境管理完善程度低下导致发生动物疫病的风险的可能性加大	critical	0.0501	3.55	5
	23. 动物交易市场监管不到位导致发生动物疫病风险的可能性加大	serious	0.0422		
	24. 地区内流通监管不到位导致发生动物疫病风险的可能性加大	moderate	0.0372		

三、测度重大动物疫病公共危机风险发生概率

重大动物疫病公共风险评估的本质是一个定量分析的过程，即用数字去反映可能发生重大动物疫病的概率，因此需要对风险指标进行分级量化，在此将发生的风险分为5个等级，发生风险的程度依次递增，具体风险发生概率拟用表5-4表示。

表5-4　风险概率等级对应

风险发生概率范围	等级	定义或说明
0~0.1	1	极不可能发生
0.1~0.4	2	发生的可能性很小
0.4~0.6	3	有可能发生
0.6~0.9	4	发生的可能性很大
0.9~1	5	极有可能发生

将全部24个三级指标风险发生概率与影响严重程度汇总如表5－5所示。

表5－5　　具体指标风险发生概率与严重程度汇总

各个指标	发生概率	影响严重程度	严重程度等级
重大动物疫病了解程度	0.927	4.753	critical
风险规避意识	0.921	4.768	critical
风险决策行为	0.896	4.389	serious
免疫保护水平	0.921	4.679	critical
养殖理性水平	0.875	2.312	minor
易感动物养殖密度	0.913	4.651	critical
养殖防疫制度完善程度	0.934	4.516	critical
养殖档案完善程度	0.814	3.466	moderate
报告及时程度	0.936	4.812	critical
上报程序完整程度	0.897	3.378	moderate
上报记录真实程度	0.934	4.576	critical
动物、动物产品出入境管理	0.925	3.976	serious
交易市场监管	0.894	4.712	critical
地区内流通监管	0.887	3.039	moderate
舆情响应速度	0.880	3.1780	moderate
预警方式完善程度	0.913	4.525	critical
舆情监控范围	0.917	4.547	critical
舆情扩散控制力	0.912	4.123	serious
应急准备完善程度	0.943	4.964	critical
应急策略完善程度	0.943	4.893	serious
应急资源满足能力	0.930	4.521	critical
应急处置能力	0.943	4.867	critical
紧急免疫保障	0.925	4.357	serious
扑杀补偿保障	0.941	3.452	moderate

四、风险矩阵法评估重大动物疫病公共危机风险等级

根据各个指标的影响严重程度与风险发生概率，利用excel软件绘制

出重大动物疫病公共危机的风险矩阵图，并将风险等级划分为低风险、中等风险、较高风险、重大风险四个标准。随后以严重程度为横坐标，风险发生概率为纵坐标，将各个指标关键点绘制在风险矩阵图中（见图5－1）。

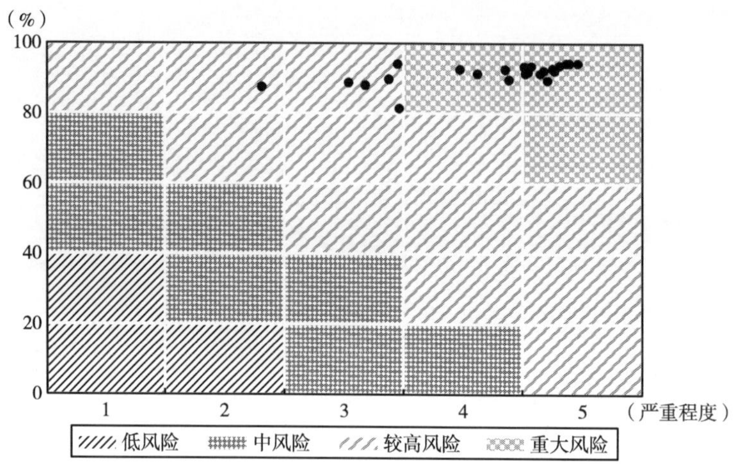

图5－1　重大动物疫病公共危机风险矩阵

由所构建的重大动物疫病公共危机风险矩阵图可以看出：属于重大风险等级的共有18个风险结，分别为：动物与动物产品出入境管理、舆情扩散控制力、紧急免疫保障、应急资源满足能力、舆情监控范围、预警方式完善度、上报记录真实程度、易感动物养殖密度、免疫保护水平、养殖防疫制度完善度、交易市场监管、重大动物疫病了解程度、风险规避意识、风险决策行为、报告及时程度、应急处置能力、应急准备完善程度、应急策略完善程度。

据此，本书在原始风险矩阵的基础上，结合重大动物疫病公共危机特征，引入“重大动物疫病危机风险指数”。该指数为重大动物疫病公共危机的各个模块的影响程度与发生概率的乘积，记为ECRI（Epidemic Crisis Risk Index），其计算公式如下：

$$ECRI = \sum_{n=1}^{6} an \times bn$$

其中，*an* 表示各模块的风险发生概率，*bn* 表示各模块的风险影响严重程度，*n* 从 1 至 6 分别对应公众认知、养殖管理、疫情上报、舆情监控、应急管理、检疫监管 6 个二级指标模块。据此，得到如下风险矩阵分析表（见表 5－6）。

表 5－6　　疫情危机风险评估分析

风险模块	影响程度	发生概率（%）	ECRI 指数	排序
公众认知	4.29	4.29	18.41	2
养殖管理	3.77	4.18	15.74	4
疫情上报	4.10	4.41	18.08	3
舆情监控	3.37	3.41	10.27	6
应急管理	4.46	4.46	19.85	1
检疫监管	3.55	3.55	12.63	5

如表 5－6 所得，疫情危机风险指数（ECRI 指数）由高到低排序依次为：应急管理、公众认知、疫情上报、养殖管理、检疫监管、舆情监控。结合风险矩阵图，可见重大动物疫病应急管理与公众认知是重大动物疫病公共危机中最为显著存在的风险，重大动物疫病公共危机中疫情应急准备完善程度、疫情应急策略完善程度、疫情应急处置能力、公众对重大动物疫病的了解程度、公众社会风险规避意识是最为关键的指标，因此应不遗余力地做好重大动物疫病应急管理工作，加强社会公众对重大动物疫病的认知程度，才能更好地防控动物疫病，应对重大动物疫病公共危机。

第三节　小　　结

本章经过构建重大动物疫病公共风险指标体系、测度风险发生概率及绘制重大动物疫病风险矩阵得出，重大动物疫病公共危机应急管理方面的应急准备完善程度、应急策略完善程度、应急资源满足能力、应急处置能力、紧急免疫保障与公众认知方面的对重大动物疫病了解程度、风险规避意识与风险决策行为是重大动物疫病公共危机中实际存在的显著风险。

加强公共卫生安全治理，强化疫情危机应急管理体系是应对疫情风险的重中之重。为此要进一步整合完善中国公共卫生应急体系，改革目前的应急管理体系，将重大动物疫病与公共卫生应急体系相整合，协调与完善《中华人民共和国动物防疫法》《中华人民共和国突发事件应对法》《突发公共卫生事件应急条例》《国家突发事件总体应急预案》等法律规章的规定，形成协同高效、分工配合、反应灵敏、于法有据、程序严谨的应对机制。面对突发动物疫病公共风险时，社会公众作为疫情信息的接受者，在畜禽动物发生的疫情中，社会公众不直接接触养殖过程，一旦感染病毒将给自身健康造成巨大危害，因此有效引导社会公众也成为防控重要手段之一，合理利用媒体舆论与政府权威的信息发布，能够增加社会公众应对疫情危机认知的安全感，降低风险敏感程度，更好地落实重大动物疫病公共危机防控。

| 第六章 |

国际动物疫病公共风险评估体系比较

第一节　美国动物卫生风险评估经验

一、风险分析与预防控制体系

由于消费者的食品结构发生变化，美国食物源性疫病频发，食品安全问题受到美国政府的高度重视。为控制食品风险，保障公众消费者健康安全，美国于 1997 年发布“总统食品安全计划”，强调风险评估对于食品安全的重要作用，并成立“机构间风险评估协会”，其目的在于完善风险评估工作的进一步开展，通过对预测性模型与其他工具的开发进而实现动物微生物的风险评估。

此外，为实施风险管理，美国行政机构颁布 HACCP（Hazard Analysis and Critical Point，危害分析和关键控制点）作为风险管理的工具，HACCP 体系全面地预防和控制食品安全风险所带来的危害。HACCP 是一种系统的预防食品安全的方法，可防止食品生产过程中的生物、化学和物理危害，用以对可能出现的风险进行控制并加以避免，而非检查成品中已有危害的影响。HACCP系统可用于食品链的所有阶段，从食品生产和制备过程到包装、分销等。美国食品药品监督管理局（Food and Drug Administration，FDA）和美国农业部（United States Department of Agriculture，USDA）对果汁和肉类生产要求采用强制性的HACCP计划措施作为食品安全和保护公众健康的有效方法。其中，肉类HACCP系统由美国农业部监管，而海鲜和果汁则由FDA监管。根据2002年《公共卫生安全和生物恐怖主义防范和应对法》（*Public Health Security and Bioterrorism Preparedness and Response Act of* 2002），美国所有其他食品公司以及向美国出口食品的其他地区的公司，都在强制性执行HACCP计划。

HACCP通过进行危害分析、确定关键控制点、为每个关键控制点建立关键限值、建立关键控制点监控要求、建立纠正措施、建立确保HACCP系统有效运行的认证程序、建立记录保存程序七项原则，对食品加工生产、包装储藏、终端消费的过程进行统一规范以防范潜在的危害风险，以此保证食品安全。

二、APHIS区域认可

美国的食品安全系统主要涉及食品药品管理局（FDA）、食品安全检查局（Food Safety and Inspection Service，FSIS）、动植物健康检验局（Animal and Plant Health Inspection Service，APHIS）、环境保护局（Environment Protection Agency，EPA）、国家渔业局（National Marine Fisheries Service，NMFS）、疾病控制和预防中心（Centers for Disease Control，CDC）这6个部门。其中美国动植物卫生检验局（APHIS）旨在保护和促进美国农业健康发展、管理基因工程生物、管理动物福利法和开展野生动物损害管理活动。APHIS分为6个运营计划单位、3个管理支持单位和2个支持联邦政府范围计划的办公室。其多部门、任务广为美国农业安全、食品安全、自然资源提供支持。

为保证美国动物疫病风险不会受到动物、动物产品的国际贸易影响而增加，美国 APHIS 根据联邦法典制定了 APHIS 区域动物疫病状况认可信息目录。据此，美国 APHIS 对其他国家或地区实施区域动物疫病状况认可工作。该程序流程为：首先由申请地区完成本区域内某项动物疫病的认可评估，然后向 APHIS 提出请求；当评估通过确认该区域内动物处于无疫状态，申请地区向美国 APHIS 提交风险评估文件。APHIS 亦会对此进行事前的评估，整个区域动物疫病评估过程包括：原始信息收集、实地考察、风险评估工作，并在风险评估完成后形成最终的评估报告。应当注意的是：整个 APHIS 区域认可的工作都是以风险评估为前提的，风险评估贯穿这一过程始终，这也足见风险评估工作的重要性。

第二节　欧盟动物卫生风险评估体系

一、欧盟 EFSA 风险评估机构

1996 年欧洲暴发疯牛病前，欧盟动物卫生风险管理机构主要由食品安全常务委员会（各成员国代表）、科学委员会（相关领域专家）和咨询委员会（各利益相关方）这三个委员会构成，负责欧盟动物卫生风险管理方面的工作（见图 6 - 1）。然而随着 1996 年欧洲疯牛病的大范围暴发与蔓延，欧洲动物疫病的防控暴露出了一系列的问题，尤其是欧盟动物卫生风险管理所存在的不独立的问题显而易见。于是为了更加科学有效地展开动物疫病防控工作，欧盟各成员国意识到需将动物卫生风险分析与风险管理独立开来。因此，欧盟食品安全局（European Food Safety Authority，EFSA）由此诞生。EFSA 正式成立于 2000 年，作为动物卫生风险评估机构而独立存在，具体负责风险评估和风险交流工作。EFSA 的大部分工作是为了响应欧盟委员会、欧洲议会和欧盟成员国提出的科学建议，除此之外，EFSA 还主动开展科学

工作，特别是研究新出现的有可能的风险问题和新的危害，并更新相应的风险评估方法，这被称为 EFSA 的“自我任务”。

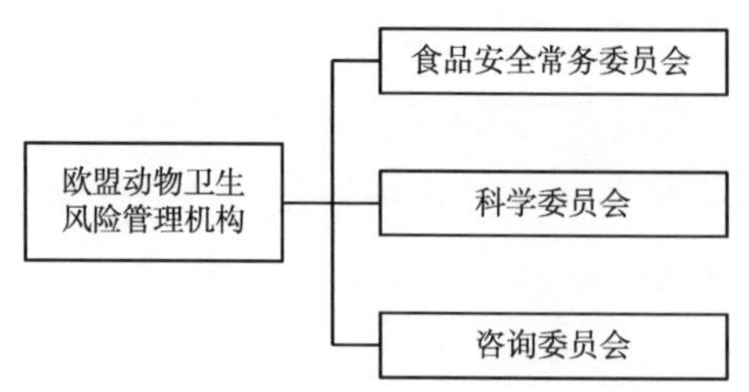

图 6－1　欧盟动物卫生风险管理机构

EFSA 由管理委员会、行政主任、咨询论坛、科学委员会和 10 个科学小组组成。独立性是 EFSA 最为显著的特点，作为欧盟的动物卫生风险评估机构，EFSA 不隶属于任何其他的欧盟管理机构，并致力于保护其专家、工作人员、风险评估方法和数据的独立性，使其免受任何不正当的外部影响，并确保其拥有实现这一目标的必要机制。

EFSA 保持独立性的核心支柱是其管理委员会，该委员会本身是一个独立机构，该成员由欧洲联盟理事会与欧洲议会协商任命，并且必须为公共利益行事。该委员会共有 15 名成员，拥有广泛而专业的知识，但成员不代表政府、组织以及任何部门。成员由欧盟理事会在咨询欧洲议会后从欧洲委员会公开征集意向书后起草的候选名单中任命。

EFSA 的咨询论坛由 27 个欧盟成员国以及英国、冰岛和挪威的国家食品安全当局的代表组成。每个国家主管部门负责国家层面的食物链风险评估，但确切的角色可能因国家而异。此外，来自瑞士和欧盟候选国的观察员也参加咨询论坛会议。通过论坛，EFSA 和成员国可以联手解决欧洲风险评估和风险沟通问题。成员利用论坛向 EFSA 提供有关科学事项，工作计划和优先事项的建议，并尽早发现新出现的风险。成员的目标是与EFSA 和彼此分享科学信息，汇集资源和协调工作计划，特别是：交换科学数据、协调风险沟通活动和信息、解决有争议的问题和不同的意见、协调工作并避免重复。

EFSA科学专家的知识、经验和决策是其进行工作的核心。科学委员会成员是来自欧洲各地的杰出科学家，具有公认的科学能力，能够在EFSA的职权范围内传播各种学科知识和此前在科学机构工作的经验。专家任期三年，他们进行科学评估并制定相关的风险评估方法。如今EFSA已经建立了一整套良好的风险评估模式，以指导其科学委员会和科学小组的工作，还通过了一系列关于风险评估透明度的建议，以确保其工作的最大透明度。

二、EFSA风险评估机制

欧盟动物卫生风险评估工作由EFSA具体负责。风险评估工作主要分为三个阶段，分别为：申请阶段、评定阶段和采用阶段。

第一阶段为申请阶段，EFSA主要接受欧洲委员会、欧洲议会或成员国所提出的科学建议请求，这些请求包括了对EFSA的具体要求、问题、行使的职权范围以及时间期限等内容。收到进口请求后，EFSA会考虑其内容，委员会讨论并解决需要明确的任何问题，如截止日期的可行性。在这些讨论之后，EFSA委员会就授权达成一致，其中包括最终的职权范围和双方商定的最后期限。接着，EFSA将任务授权分配给EFSA的某一个科学小组或其科学委员会，并在问题登记册中进行登记。

第二阶段为评定阶段，EFSA通常会设立一个专家工作组来进行风险评估。动物卫生风险评估通常由该领域专家组成员和其他科学家共同进行，其中可能包括成员国、研究机构或公司提供的数据。这些数据主要为病原情况、传播媒介情况、生物性危害信息、易感人群暴露情况等风险信息。如果需要进一步的数据，其可能会在EFSA的数据收集网络上提取或在EFSA网站上公开寻求。该工作组在进行相应的风险评估工作后会形成一份意见稿，并提交给专家组进行讨论，以决定能否通过。EFSA经常就评估结果草案进行公开磋商，然后审议修订文件中的意见。

第三阶段为采用阶段，在科学委员会或小组采用的意见协商一致之后（这其中少数人的意见也会被记录下来），EFSA 将最终的动物卫生风险评估意见发送给原始请求方，其会利用该科学评估的意见来支持其在政策制定或立法决策等方面的工作。至此，风险评估工作环节即算完成。

第三节　加拿大动物健康风险评估体系

一、CFIA 风险评估机构概况

20 世纪 90 年代，加拿大成立了风险评估小组，由加拿大食品检验局（Canadian Food Inspection Agency，CFIA）负责加拿大动物健康风险评估工作。加拿大的动物健康风险评估建立在坚实的科学知识和专业基础之上。CFIA 在符合国际准则的结构化风险分析框架内进行系统风险评估，其中大多数的风险评估是定性的进口风险评估。

加拿大食品检验局（CFIA）是负责动物卫生进口风险评估的主要联邦机构，其他组织（如政府、相关行业、学术界）也参与 CFIA 的风险评估过程，并进行或赞助独立的风险评估。尽管如此，鉴于 CFIA 的重要作用，对 CFIA 活动的介绍仍然是了解加拿大动物健康风险评估体系的重要背景。

二、CFIA 风险评估过程

动物健康风险分析是一种综合方法，包括危害识别、风险评估、风险管理和风险沟通四个程序，了解风险评估如何适应这一过程非常重要。风险分析过程的第一步便是确定是否需要进行正式的风险评估。风险管理者在流程的早期就参与进来，以确定是否确实需要进行风险评估。如果不存在进口政策，或者未对此涉及动物健康的特定商品或活动进行风险评估，则每项进口申请都必须经过风险评估程序。

如果需要进行风险评估，业务运营官员将通知进口商并收集进行风险评估所需的信息（如请求的理由和背景；关于要评估的商品的说明；数量和进口的频率以及与请求相关的时间范围等）。进口商必须提供这些信息，并为完成风险评估支付一定的费用。一旦完成这些步骤，负责加拿大动物健康风险评估的官员将确定风险评估的优先次序以及将用于开展风险评估的资源。

此后，该项进口请求进入国际兽疫局定义的正式风险评估程序。除风险评估框架的其他步骤（即释放评估、接触评估、后果评估和风险评估）外，所有风险评估都包括对有关商品或活动的广泛文献审查。同时，所有风险评估都由风险管理人员进行内部审查。管理人员如果不确定风险评估的最终结果或信息，也可决定要求外部咨询或审查。审查进程完成后，会形成一份风险评估文件草案，并就是否接受或拒绝进口作出决定。这一决定考虑到了风险管理阶段考虑的可能性，包括选项识别、评价和选择。然后对该决定进行执行、监测和审查（如图 6 – 2 所示）。

三、综合多维方法（IMDA）背景下的动物健康风险评估

随着全球贸易的不断发展，移民数量的不断增加带来人口密度的不断增加，使得加拿大对动物健康风险评估的需求也在发生变化。此外，气候变化和其他因素的发展都会影响动物和人类的健康，在多变的环境中，各种风险和后果的相互联系日益密切，使评估和管理风险的过程变得越来越复杂。动物健康事件可能会产生远远超出所涉及动物疾病的后果。暴发传染病可能导致贸易禁运、危害人类健康等后果，同时，宰杀具有重大经济效益的动物也会对养殖户造成损失，这些通常都被称为动物健康事件的直接后果，而动物疫病的涟漪效应可能进一步延伸到更为严重的间接后果。

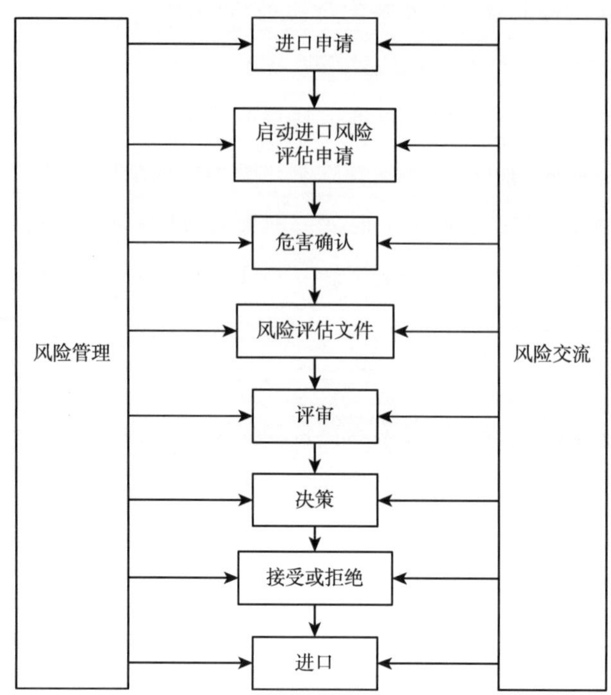

图 6－2　加拿大动物卫生风险分析程序

鉴于此，加拿大在综合多维方法（IMDA）的背景下进行动物健康风险评估。用综合多维方法（IMDA）进行风险评估将有助于为满足进口和国际贸易的需要以及更为广泛的风险评估目标而服务，即更好地为当前风险、新出现的威胁和最佳风险管理决策提供信息。这种方法主要从以下方向进行：

（一）考虑更广泛的后果

要充分理解风险，就有必要先了解可能产生的全部重要后果。目前，CFIA 进行的许多风险评估主要关注贸易影响和动物健康。必要时，CFIA 也会对人类健康后果进行评估。然而，考虑到更广泛的后果，如社区变化和环境后果，可以更好地反映动物疫病暴发的实际成本。对于动物、人类和环境的风险进行更综合的评估也是如此。

（二）扩大对专业知识的获取

考虑更广泛的后果需要获得广泛的专业知识。目前有助于扩大动物健康风险评估专业知识的三种方法是：①为风险评估人员和管理人员提供更广泛的培训机会；②促进针对动物与人类健康之间关系的更多应用动物健康研究；③将来自其他领域的更多工具和方法纳入风险评估过程。这三项举措中的每一项都将使风险评估人员能够从各个领域中受益，从而使加拿大的动物健康风险评估始终保持在最前沿。

（三）扩大利益相关方咨询

向利益相关方咨询有助于做出明智和反应迅速的风险管理决策。利益相关者参与风险评估过程也可以促进风险管理决策的采用，其中许多决策最终由该领域的利益相关者实施。目前，在加拿大动物卫生风险评估流程的开始和结束时，都会咨询进行风险评估的利益相关方（通常是进口商或政府机构）。在整个过程中通过咨询更广泛的群体，可以更全面地了解各种管理策略的风险和潜在影响。

（四）提高决策透明度

为了使利益相关者能够有效地参与风险评估，流程本身必须尽可能透明。扩大磋商是提高透明度的一个方面。然而将风险评估结果公之于众则是另一回事。目前，CFIA 进行的大多数风险评估过程仍然保密，但是可以公开更多的风险评估文件，以便后续的决策工作。通过明确记录在风险评估中作出的决策，可以提高其透明度。使用多标准决策分析方法或类似框架，将有助于记录作出的所有决策，并保留该信息，以便在日后的风险评估中更好地使用。

第四节 对中国进口动物与动物产品风险评估体系的借鉴

中国将风险分析用于动物卫生管理中相较于发达国家起步较晚。20 世纪90年代中期，大量动物卫生风险分析理论研究与应用展开，随之而来地，不少省份也建立起了动物卫生风险评估的组织和制度体系。2007年，农业部成立第一届全国动物卫生风险评估专家委员会，由国家相关部门、科研院校以及农业系统和社会相关领域专家组成，委员会依法对中国动物卫生风险评估和兽医管理决策展开工作，其目的在于完善中国动物防疫和动物产品安全监管体系建设。但是与发达国家和国际组织的风险评估体系相比，中国动物疫病风险评估体系尚存在诸多不足，各项工作仍处于初级阶段，风险评估的运行机制相对落后。随着畜牧养殖业的发展，中国所进口的动物、动物产品近年来呈不断增长趋势，以猪肉为例：从2007年起，中国从猪肉净出口国转为猪肉净进口国，统计数据显示，近10年来中国猪肉进口数量总体呈不断增长趋势，并于2016年达到历史高位162.02万吨，总体来看，猪肉进口量近年与出口量之间差距不断扩大。而伴随大规模进口，中国动物疫病检测手段与风险评估机制的不完善导致一批动物疫病的传入，如牛蓝舌病、产蛋下降综合征、禽传染性贫血等疫病。因此，完善进口动物、动物产品的风险评估机制对于中国畜牧业的健康发展与国民经济的平稳运行具有重要意义。

一、促进中国兽医监管体制与国际接轨

根据世界动物卫生组织陆生动物法典，兽医机构评估已列入进境风险评估框架当中，因此，加快中国兽医监管体制与国际接轨的进程势在必行。中国是畜牧业大国，畜牧业生产正在由数量型向质量型转变，而相较于发达国家对畜牧业安全生产和对动物、动物产品的卫生监管工作的重视程度，如美国已经建立起食品从田间到餐桌的全过程监管体系，中国兽医监管体制尚存诸多问题。中国在动物疫病与食品安全控制方面存在执法主体多元，各自为政的问题，以及动物疫病防控到消费者食品安全的链条不完整；此外中国还存在动物防疫监督机构设置不统一、兽医检疫执行标准

多而实施少、兽医区划管理不合理等诸多问题，这些都阻碍了中国由畜牧业大国向畜牧业强国的发展进程。对此，我们应该意识到，兽医工作，尤其是对动物疫病的风险评估是中国公共卫生重要的组成部分，兽医在疫病控制、人畜安全与食品安全中起到关键作用。为此，我们要建立国际通行的兽医监管体制，加强兽医动物防疫体系建设，打通动物疫病防控到消费者食品安全的链条，促进中国兽医监管体制与国际接轨。

二、充分合理利用《SPS 协议》

《SPS 协议》旨在解决贸易自由化与借助动植物检疫对贸易的阻碍作用这一对矛盾，是对实施卫生保护措施时应考虑的因素的澄清，即减少政府在动植物卫生检疫方面所做出的不合理的决定。《SPS 协议》规定：在能够获得科学证据的基础上，允许进口国对进口动植物风险进行评估，在发达国家利用这一规则的过程中，其通常基于本国国情，在考虑生物学与经济学因素的基础上，利用《SPS 协议》中的模糊概念，在不违背原则的条件下，保护本国产业。借鉴其经验，中国在对进口动植物进行风险评估的过程中，要在向风险方公布进展，充分征求风险方组织方意见以及确保风险分析结果科学性的基础上，根据中国国情，充分合理利用《SPS 协议》模糊概念，制定合理的进口规则，保护中国畜牧业健康发展。

三、建立外来动物疫病快速报告与评估系统

如加拿大食品检验局（CFIA）建立了完善的外来进口请求风险评估程序，充分考虑到了风险管理阶段，包括选项识别、评价和选择，并对该决定进行执行、监测和审查，构建了有效的动物疫病防控机制。中国应立足国情，建立基于网络的疫情快速报告与风险评估系统。通过实时搜集境外动物疫病信息，加强重大动物疫病风险传入中国的预警预报，抵御重大动

物疫病侵入中国，同时通过快速风险评估对可能出现的疫情进行检测和评估，及时扑灭可能发生的疫情。此外疫情报告与疫情数据要标准化，借助互联网、大数据等技术手段研发疫情快速报告程序软件，完善重大动物疫病处置程序和预案，根据不同动物疫病的传播特性进行风险因素识别，建立风险评估技术规范标准和模型，实现重大动物疫病风险快速评估。

第七章

中国重大动物疫病公共风险利益主体协同权责关系

第一节　中国重大动物疫病养殖户损失和政府补偿政策

针对禽流感和非洲猪瘟等重大动物疫病的暴发，政府及时采取强制性扑杀措施进行防治，虽然有效地控制了疫情的蔓延，但是给养殖户带来了巨大的经济损失，这需要政府提出合理的补偿机制和标准对疫区养殖户进行补偿。

一、重大动物疫病养殖户损失类型

重大动物疫病中养殖户的损失分为两类：一是直接损失，二是后期损失。直接损失是指养殖户在疫情暴发时，采取的紧急扑杀、无害化处理和管理等的成本，包括扑杀成本、控制支出、消毒成本、免疫措施成本、检疫和监测成本。后期损失从不同角度进行分析，具体有：①生产受阻，主要包括疫情发生后的禁养期所造成的空棚损失，指养殖区的建筑物折旧、利息和市场的损失；②疫区封闭损失，为控制疫情扩散，疫区禁止输出和输入，造成疫情养殖户的额外饲养成本增加；③市场价格变化，一段时间内受疫情影响，必然导致该产品市场价格下降，养殖户的收益再次受损。根据专家估计，中国每年动物疫病给养殖业带来的直接损失高达 1000 亿元，仅因动物发病死亡所造成的损失也将近 400 多亿元，相当于养殖业总产值增量的 60% 左右。

二、中国政府采取的扑杀补偿机制

中国第一个动物疫病防控指导文件是 1998 年第八届全国人民代表大会常务委员会颁布的《中华人民共和国动物防疫法》。该法对中国动物疫病防控管理具有里程碑意义，其规范了动物疫病的管理、预防和控制等内容，有效地促进了养殖产业的发展。2001 年颁布的《牲畜口蹄疫防治经费管理的若干规定的通知》（财农办〔2001〕77 号）第一次明确动物疫病的扑杀补偿内容，这对中国重大动物疫病应急管理具有重要的转折意义。随后，全国人民代表大会常务委员会第十次（2007 年）和第十二次大会（2013 年）分别对《中华人民共和国动物防疫法》进行修改，补充相关扑杀方式和补偿条款内容。

动物扑杀补偿内容提出后，面临的问题是补偿价格跟市场价格差距较大，养殖户损失得不到有效补偿，部分养殖户由于利益的驱动将染病畜禽投入市场以弥补个人经济损失，由此造成疫情进一步扩大。针对这一类问题，2008 年的《尽快提高动物疫病防控过程中强制扑杀动物补偿标准》文件中提出，根据地区不同、养殖规模大小等标准对补偿标准进行划分。为持续改善这种状况，中国不断完善补偿方式和补偿标准（见表 7－1），一方面政府仍然强调强制扑杀的重要性，完善强制扑杀内容；另一方面政府建立扑杀补助动态机制，随着市场波动调整补偿价格。

表 7-1 中国动物疫病扑杀补偿政策文件

文件名称	发布单位	时间（年）
《中华人民共和国动物防疫法》	第八届全国人民代表大会常务委员会	1998
《牲畜口蹄疫防治经费管理的若干规定的通知》	财政部、农业部	2001
《高致病性禽流感防治经费管理暂行办法》	财政部、农业部	2004
修改《中华人民共和国动物防疫法》	第十届全国人民代表大会常务委员会	2007
《尽快提高动物疫病防控过程中强制扑杀动物补偿标准》	全国两会	2008
《关于促进生猪生产平稳健康持续发展防止市场供应和价格大幅波动的通知》	国务院办公厅	2011
《关于调整生猪屠宰环节病害猪无害化处理补贴标准的通知》	财政部	2011
修改《中华人民共和国动物防疫法》	第十二届全国人民代表大会常务委员会	2013
《关于调整完善动物疫病防控支持政策的通知》	农业部、财政部	2016
《动物疫病防控财政支持政策实施指导意见》	农业部、财政部	2017
《关于做好非洲猪瘟强制扑杀补助工作的通知》	财政部、农业农村部	2018

数据来源：根据财政部、农业农村部、中国兽医网官网公布信息整理获得。

从实施情况来看，中国的扑杀补偿政策以行政补偿为主，政府以补贴的方式承担养殖户的直接损失，后期损失仍由养殖户自己承担，补偿只弥补养殖户一部分成本。虽然考虑市场价格、地区差异等因素相应提高了补偿金额，但还是没有涉及后期恢复再生产问题。以非洲猪瘟和禽流感为例，非洲猪瘟疫情期间政府对强制性扑杀补偿标准为 1200 元/头，而且中央财政按照对西部地区 80%、中部地区 60%、东部地区 40% 的比例进行补偿；禽流感疫情期间政府对鸡、鸭等的强制性扑杀标准从 10 元/羽调整为 15 元/羽，中央财政对西部地区 80%、中部地区 50%、东部地区 20% 的比例进行补偿。由此可以看出，中国采取积极的扑杀和处理政策控制动物疫病的蔓延和传播，但对不同养殖户的影响没有过多研究。目前的补偿政策对工厂类养殖户补偿较少，远不能弥补损失；对小规模商品类养殖户，政府补偿仅仅涵盖了直接损失部分，后期损失基本没有涉及；对散养户来说，政府补偿金额较为充分，养殖户损失较少甚至出现正收益的情况。因此，中国政府补偿标准和方式存在诸多不足，不仅体现在补偿金额过低，还体现在补偿标准不一、类型单一以及范围较小方面。

第二节　中国重大动物疫病公共风险利益主体协同关系

根据利益相关者理论，本书将政府、媒体、养殖户、社会公众作为重大动物疫病的演变过程的控制者、影响者以及演变过程中的利益相关者群体。养殖农户既在重大动物疫病的滋生和扩散中扮演着推动者的角色，同时又是疫情突发事件的受害者；社会公众的食品安全风险认知及消费行为对重大动物疫病的突发具有直接影响作用；政府是重大动物疫病突发事件的承担者，也是养殖户和社会公众的保护者；媒体是重大动物疫病等突发事件传播的重要媒介，引导信息的多途径流动，提高各界的防范能力。

一、中国重大动物疫病公共风险事件的确定

重大动物疫病公共风险的产生是由于人类在对动物进行饲养的流程中，因饲养模式不合理、饲养水平不到位、饲养环境不达标、防疫手段不及时、养殖方式不完善、管理能力不合格等人员个体因素而发生，但疫情的防治不仅受养殖人员个体因素的影响，还受外部环境中不同群体的共同作用，如畜禽产品的冷链运输、政府的应急管理模式、媒体的传播以及社会公众对畜禽疫情风险感知能力，进而将动物疫病的危害不断扩散的风险过程归于社会性公共风险一类。这里需要解释的是，并不是所有畜禽疫情

都符合社会公共风险的特征，人兽共患病则是最具特点的公共风险类型，但非人兽共患病是否是公共风险需要具体分析，在此本书着重考虑人兽共患病对社会公共安全的影响。

（一）人兽共患病种类多，危害性大

目前，重大动物疫病是中国公共卫生安全事件重要的一部分，而其中人兽共患病是重大动物疫病成为公共卫生安全事件的诱导因素之一。人兽共患病是指脊椎动物与人类之间传播，在传播的过程中由共同病原体引发的一系列疾病，这一系列疾病在流行病学上具有相关性。造成严重疫情的“脊椎动物”主要指野生动物、宠物以及家禽与家畜，严重威胁社会公共安全。人兽共患病是由20世纪70年代末期世界卫生组织和联合国粮农组织将“人畜共患病”概念进行延伸演变而来的，世界上已证实的人兽共患病有250多种，其中较为重要的有89种，主要包括27种病毒病、22种寄生虫病、20种细菌病、10种立克次体病、5种原虫病和真菌病，而中国已证实的人兽共患病有90多种。

（二）人兽共患病感染强，致死率高

2009年农业部第1125号公告，明确指出26种中国国内常见的人兽共患病。根据2016—2018年《全国法定传染病疫情概况》中8种疾病的人感染的发病率与死亡率可以看出（见表7－2），总发病人数有明显下降趋势，下降近24.5%，感染致死的疾病种类也在不断下降，由2016年的6种降为2018年的4种。从发病数量上可以看出，布鲁氏菌病感染人数最多，占8种疾病总感染人数的91%以上，但人数明显降低；狂犬病、炭疽、血吸虫病与钩端螺旋体病发病率都有下降，其中血吸虫病下降最为明显，发病数量由2016年的2924例降为2018年144例，降幅近95.1%。从死亡数量来看，狂犬病致死率最高皆在92.0%以上，最近2年更是达到97.0%以上，其次是H7N9禽流感病毒。

表 7－2　　2016—2018 年全国人兽共患病感染人情况　　单位：例

疫病	2016 年		2017 年		2018 年	
	发病	死亡	发病	死亡	发病	死亡
高致病性禽流感	0	1	0	0	0	0
狂犬病	644	592	516	502	422	410
炭疽	374	2	318	3	336	3
布鲁氏菌病	47139	2	38554	1	37947	0
钩端螺旋体病	354	1	201	0	157	1
血吸虫病	2924	0	1186	0	144	0
H7N9 禽流感	264	73	589	259	2	1
丝虫病	0	0	0	0	0	0
合计	51699	671	41364	765	39008	415

数据来源：根据 2016—2018 年《全国法定传染病疫情概况》整理。

二、中国重大动物疫病风险传播主体的确定

重大动物疫病，尤其是近些年动物源性人兽共患病的新病种和新病型络绎不绝，暴发形势也很迅猛，不仅限于个人或单个国家而是涉及全球，所造成的经济损失和社会恐慌也更为巨大。按照克拉克森（1995）等对利益相关者的划分，本书将政府、养殖农户、社会公众和媒体作为疫情突发事件的首要利益相关者，并将这 4 个主体对重大动物疫病的认知和反应作为疫情应急管理及决策制定的必备因素。本书主要从以下方面考虑：

（1）由于重大动物疫病的暴发包括内部主体和外部主体，而外部主体的影响因素较多，从宏观角度看，有监督控制层——政府、传输运营层——媒体，以及接受运用层——社会公众。

（2）本书研究问题的出发点是重大动物疫病公共风险各利益主体的决策行为，也就是重大动物疫病各利益主体产生相互影响的作用过程，进而将疫情发生的损失降到最低，减少社会恐慌，并最终为中国重大动物疫病公共风险的防控提出更为合理、高效的决策建议。

根据以上描述，可以归纳出中国重大动物疫病公共风险传播过程中涉及的利益主体，如图7-1所示。

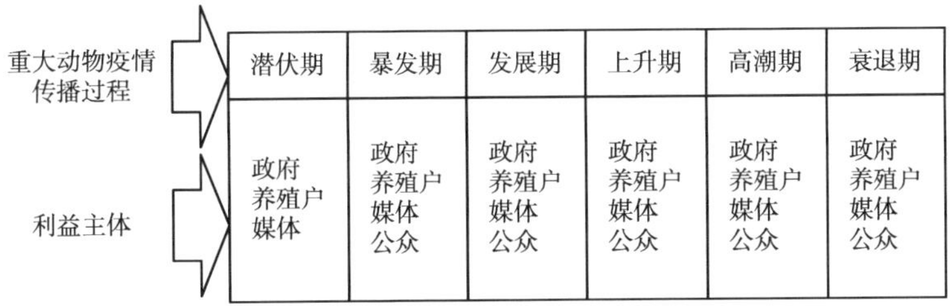

重大动物疫情传播过程	潜伏期	暴发期	发展期	上升期	高潮期	衰退期
利益主体	政府 养殖户 媒体	政府 养殖户 媒体 公众	政府 养殖户 媒体 公众	政府 养殖户 媒体 公众	政府 养殖户 媒体 公众	政府 养殖户 媒体 公众

图7-1 中国重大动物疫病公共风险中不同阶段利益主体

根据流行病传播规律将重大动物疫病传播过程分为6个阶段，分别是潜伏期、暴发期、发展期、上升期、高潮期和衰退期：

（1）潜伏期——主体预防疫情发生。在潜伏期阶段主要涉及的利益主体有政府、养殖户和媒体。在这个阶段养殖户的主要作用是有效防止疫情的发生，但存在内部因素的不完善，从而暴发疫情；政府的作用是采取定期加不定期监督、科学手段对养殖场进行抽样检测、下派专家查访等措施规范养殖户行为；媒体要考虑信息的不完全性，社会公众不能完全掌握养殖户和政府对疫情防控信息的动态。

（2）暴发期——主体及时反映疫情信息。暴发期阶段主要涉及政府、养殖户、媒体与社会公众。这个阶段主要说明的是疫情发现的过程，养殖户对疫情的免疫扑杀行为；政府的应急管理行为；媒体的信息传播；社会公众对疫情信息的关注。主要关注点仍然在政府和养殖户层面，社会公众对其认识和危害程度不足以形成风险认知，而媒体也在持续“被动”关注。

（3）发展期和上升期——主体制止疫情扩散。发展和上升阶段涉及政府、养殖户、媒体和社会公众，这两个阶段界限不是特别明显，因此放在一起分析。当动物疫病比较严重，政府只控制养殖户已经不能有效控制疫情的发展时，说明疫情达到发展和上升期，这个阶段要对社会多层次、多领域进行疫情风险控制，如物流业、销售业、加工处理行业等。随着疫情进一步扩大，对社会公众的影响不断加深，媒体开始主动采访和报告。

（4）高潮期——主体判断疫情行为加强。高潮期阶段涉及政府、养殖户、媒体和社会公众。在疫情进一步演化的过程中，养殖户和政府的管控依旧是控制疫情的主要手段，但社会公众的风险认知和自我保护也成为控制疫情进一步传播的措施。这个阶段媒体和社会公众作用凸显，媒体将大量的信息传递出去，对接政府、养殖户、公众，便于公众根据信息的理解和自我判断采取有效的决策行为，降低损失。

（5）衰退期——主体恢复理性行为能力。衰退期阶段涉及政府、养殖户、媒体和社会公众。这一阶段是疫情信息演化到最终阶段，政府和养殖户有效控制了疫情的扩散，公众也可对疫情的走向进行合理推测，不再发生盲目行为，疫情危害不断减弱。再加上媒体的渲染和传递，社会各利益主体逐渐恢复正常。

三、重大动物疫病公共风险各利益主体职能

（一）政府监控作用

目前中国政府在重大动物疫病防控中具有很重要的作用，首先政府以大局观念，在疫情发生之前，制定一系列较为系统的预防方案并颁布了《中华人民共和国动物防疫法》，监督各级监测与检疫部门严格按照政策规定进行检查。疫情暴发之后，政府的应急管理体现出对突发公共事件的处理能力，相应出台了《重大动物疫情应急条例》与《国家突发重大动物疫情应急预案》等法规文件。应急管理机制的建立是处理突发公共事件的核心内容，它贯穿于突发公共事件全过程，主要包括预警、预防、决策、沟通与恢复等内容。不仅如此，政府越来越重视动物疫病防控技术。国务院办公厅印发《国家中长期动物疫病防治规划》，农业部出台《2015 年兽医工作要点》，中国农业科学院发布《中国农业科学院“十三五”科学技术发展规划》等。这些文件明确提出“十三五”时期动物疫病防治的主要方

向，对口蹄疫、支原体、鸡球虫、小反刍兽疫等畜禽病毒开展系统研究，对细菌病和寄生虫等从流行病学和兽医相关领域结合进行检测与调查，抓住地理位置、时间、气候等自然因素对疫情发生与扩散的影响规律。

（二）养殖户实施能力

在面对动物疫病公共风险时，养殖户是直接的作用者、接触者、行动者与操作者，处于不可替代的重要位置，能够影响动物疫病的扩散程度与危害范围。作用者与接触者体现在，养殖户是动物疫病产生与杜绝的源头，饲养环境、防疫措施、检疫标准、用药数量等行为直接作用畜禽安全，因此养殖户饲养过程的合理化、合规化能够在极大程度上避免动物疫病的发生与扩散。行动者与操作者体现在，按照国家文件规定，在动物疫病发生时，养殖户应及时上报疫情信息，立即封锁该养殖场，并将区域内畜禽进行隔离，对已染病畜禽马上扑杀，销毁染病畜禽接触过的物品，清理养殖场内部设施，对已死亡畜禽进行无害化处理，有条件时要及时购买药物或疫苗防治疫情扩散、蔓延。另外养殖户不得非法逃避当地相关部门检疫，易染病或者死因不明的畜禽不得进入市场产生交易。

（三）媒体传播作用

媒体作为信息传递的主要平台，同时也是风险传播的重要渠道。动物疫病发生时，媒体对于疫情舆论信息的扩散极其关键。随着互联网浪潮的推进，网络传播已经成为媒体必不可少的工具，新浪微博、媒体官方论坛、腾讯微信、报刊网站等将信息在最短的时间内传播到世界各个角落。通过媒体对动物疫病的信息进行传递，能有效降低社会民众的恐慌；通过媒体及时公布疫情进展，能保证信息的对称性。媒体对动物疫病舆论的煽动能力极强，因此媒体需要正确引导疫情信息的传播，带动社会公众积极地学习防疫手段，督促养殖户强制性处理，从侧面控制减少动物疫病扩大对社会的损失。

（四）公众处理能力

社会公众是动物疫病的间接参与者，却也成为主要影响者，根据重大动物疫病公共风险的公共性特征可以看出，社会公众是动物疫病的被动承担者。因此在疫情风险的不同时期，社会公众对风险的认知能力、对疫情信息的判断能力、防疫措施的学习能力都不尽相同。社会公众在疫情发生前期较为被动，容易产生恐慌，对不同信息的辨别能力较差，多关注疫情的负向信息，从众现象、消极情绪较为普遍。疫情发生中期，在了解基本情况、储备相关疫情知识后，社会公众能在大量信息中选取与自身密切联系的信息，因而产生对疫情风险的基本认识。疫情发生后期，社会公众对信息关注程度趋于理性化，具备对信息筛选与鉴别能力，能够综合评判各种信息，最终做出有利于自身利益的判断。

四、动物疫病公共风险利益主体间联系

根据米切尔对动物疫病利益主体属性的分类，结合社会公共风险特征，将重大动物疫病公共风险主体的合法性、影响力和事态的紧迫性等属性划分为重大动物疫病公共风险中各主体间存在的权威、关键、从属、危险等利益关系（见图7－2），从而厘清各主体在重大动物疫病公共风险中的权责关系。

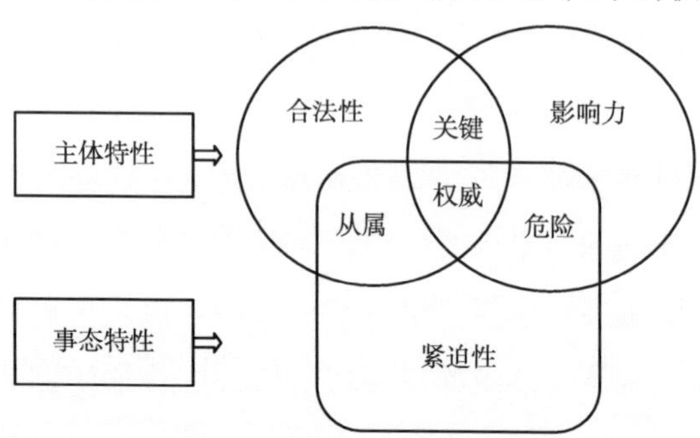

图7－2 重大动物疫病公共风险利益主体权责关系

（一）重大动物疫病公共风险利益主体属性划分

在重大动物疫病公共风险利益主体的属性中，合法性是指政府、养殖户、媒体和社会公众 4 个主体是否存在法律或者生存道义上组织团体的索取权，合法性也是 4 个风险主体法律责任的共同体现，承担重大动物疫病的社会公共风险，其中涉及政府、媒体与养殖户；紧迫性是指面对动物疫病风险时处于不利地位的养殖户与民众，需要主导者或者决策者给予所需的支持与响应的时限要求；影响力是针对媒体与养殖户，媒体具有推动疫情信息的影响力，同时在一定程度上具有影响决策的能力，而养殖户的防控行为与能力直接影响动物疫病的发展。

因此根据这三个属性的划分标准，满足以上三个属性为确定利益相关者，本书根据重大动物疫病风险特征，将养殖户归于确定利益相关者一类；满足合法性和影响力两个属性的政府与媒体归于预期利益相关者一类；将仅满足紧迫性的社会公众归于潜在利益相关者一类。

（二）重大动物疫病公共风险利益主体事态关系

在重大动物疫病公共风险利益主体属性划分的基础上，引入事态关系的属性特征，依次为关键性、权威性、从属性与危险性。

（1）政府对其他疫情主体的权威性地位。对突发重大动物疫病风险，政府需要制定健全的应急管理体制、完善的法律文件机制、流畅的机制运行方式、可操作性强的防疫方案以及资源充足的长效机制，因此政府在重大动物疫病公共风险利益主体权责关系中具有最高权威性。

（2）媒体在疫情发展过程的从属性地位。处于最活跃位置的媒体，在突发重大动物疫病公共风险事件中，具备强大的影响力，能够在突发动物风险发生前期进行预警，在疫情中期积极传递重要信息并发挥时效性作用。在疫情上升与发展期，媒体还拥有一定的监督作用，高潮与衰退期媒体则能引导社会公共回归正常社会秩序。但媒体必须依据疫情的发生及严重程度发挥其影响力，所以媒体在重大动物疫病公共风险利益主体权责关系中处于从属性地位。

（3）养殖户在疫情中的关键性地位。养殖户是突发重大动物疫病公共风险事件全过程参与者，也属于确定型利益相关者。养殖户防疫措施的规范化，能够降低动物疫病的危害性。养殖户对动物疫病各阶段都能产生很大影响，而且养殖户防控意识、风险认知、防疫手段以及技术培养能力能够明显改善突发重大动物疫病公共风险的影响，但大多数情况下主观因素并不能及时得到外部控制。所以，在此将养殖户在重大动物疫病公共风险利益主体权责关系中归于关键性位置。

（4）社会公众在疫情中的危险性地位。社会公众在突发重大动物疫病公共事件中的地位与作用，较为符合利益相关者主体属性的紧迫性或者说是迫切性。公众没有参与畜禽的养殖与防控的阶段，仅在销售过程开始接触，因此不具备主动性，面对疫情的影响与危害性，急需政府以及医疗机构的保护。因此，社会公众在重大动物疫病公共风险利益主体权责关系中处于危险性地位。

（三）重大动物疫病公共风险利益主体权责作用关系

重大动物疫病发生时，利益主体间各自承担了一定的权利和责任。政府是协调其他主体的核心所在，不仅承接着对重大动物疫病的直接反应，还联系着其他主体的活动。首先政府对疫情的发生具有一定的应急机制，能够及时控制疫情的扩散，其次政府和其他三个主体有紧密的联系。

（1）政府补贴养殖户，立即控制疫情传播。政府通过补偿和补贴等方式，提高养殖户对疫情的处理能力，弥补养殖户损失，减少经济压力。同时养殖户也如实对政府提供一手资料，有助于政府及时、准确了解疫情，采取有效的措施。

（2）政府稳定公众，提高社会凝聚力。政府对社会公众的影响力极大，首先体现在政府独一无二的公信力和形象上。政府对疫情信息的发布在很大程度上会引发公众对疫情危机的意识，因此政府对疫情信息的及时指导和医疗服务的无偿提供，能够稳定社会、安抚民心。

（3）政府规范舆论，提升防范程度。政府对任何部门或组织都有统领的权利，网络信息的传播速度越来越快，人们对互联网的敏感性也在提高。在疫情发生中，政府通过对舆论的正确引导，有助于疫情的防范和控制。

社会公众和媒体以及媒体和养殖户之间的权责关系较为简单。媒体遵守政府管理将疫情信息对社会大众进行传播，通过社会公众对疫情的反应程度，了解公众的心理和行为状况。媒体与养殖户之间的信息传递的真实性尤为重要，媒体有义务对疫情进行真实报道，同时养殖户也必须保证提供无虚假的资料，由此才能对症下药，对疫情进行控制。

第三节　中国重大动物疫病公共风险利益主体协同过程中的问题

一、政府机制体制不完善

（一）政府疫情报告制度不规范

重大动物疫病公共风险下，政府对突发公共事件承担风险防控与治理的责任，占据主导地位。针对突发重大动物事件，动物疫病信息报告制度是非常有效的手段，能够辅助动物扑杀补偿机制，划定扑杀范围，降低损失范围。依据相关应急条例，中国颁布了三项“动物疫病管理办法”，对疫情报告主体汇报疫情信息做了明确规定。执行过程中涉及地方政府和养殖户之间利益关系，因此需着重考察其能动性。动物疫病灾害的补偿与后期恢复也是疫情报告机制的主要作用节点，现实生活中养殖户可能因惧怕政府强制性行为会增加损失，出现拒绝上报信息的现象，也有为获得更多补偿及补贴虚报信息的情况，所以政府需要规范应急管理机制，确保疫情报告信息的正确。

（二）政府应急管理机制不健全

政府在重大动物疫病公共风险事件的处理中被视为唯一主体，呈现出一种“塔式结构”，成为单一责任承担方，因此就存在其余主体处理动物疫病风险积极性不高的情况，推诿现象明显。中国政府虽在各地方皆建立了重大动物疫病应急管理中心、指挥部等部门，但专业化、规范化不强，多数由临时调配的其他相关部门的成员组成，且非单一部门主管，因此相互之间的协调与配合能力差，不能及时处理重大动物疫病信息，降低了应急管理效率。总而言之，随着经济的快速发展与全球化的流通，动物疫病的发生、扩散与危害都严重威胁全球的经济与公共安全。因此，政府的重大动物疫病应急管理部门的专业化与常规化就显得尤为重要，要明确管理责任与分工，提高应急管理部门的疫情处理质量与水平。

二、养殖户防控能力不足

（一）养殖户防疫基础较为薄弱

毋庸置疑，动物疫病风险发生最直接的受损对象是养殖户，很多小规模养殖户在遭受一次重大动物疫病重击之后，面临破产，相继退出养殖行业。受主体利益的驱动，很多养殖业者都存在养殖过密、环境较差、检疫标准低等诸多问题，这也大大增加了动物疫病发生的概率。动物疫病发生后，按照政府相关文件要求进行扑杀，个体或团体组织损失进一步增加。但是，由于养殖户的防疫技术与防疫知识都不足，造成对政府补偿机制理解不到位，不愿意接受国家推荐的免费药物，导致成本进一步增加，加大重大动物疫病公共风险的防控障碍。

（二）养殖户防控技术时效性较差

突发重大动物疫病风险是多种因素共同作用下产生的，近几年疫病“变异”的类型不断增加，防控管理也更为困难。据第三次全国农业普查数据可以看出，农业生产经营者的受教育程度较低，其中大专及以上的文化程度人员仅占1.2%，高中或中专文化程度的占7.1%，初中与小学文化程度的比例较大，分别为48.4%和37.0%，专业性技术与管理人才更是少之又少。因此对专项设备的使用、理解与掌握能力皆不高，很多高效率设备不能及时被养殖户使用，造成资源的浪费与闲置现象。而不能有效运用设备带来的时滞性，也是导致重大动物疫病扩散的原因之一。

三、媒体舆论信息管控能力较低

媒体在重大动物疫病公共风险中也具备公共管理的职责，动物疫病风险发生时，媒体的影响力不容忽视。网络媒体传播速度迅猛，扩散范围巨大，而且渠道众多。但从2013年上半年暴发的H7N9禽流感疫情和2018年下半年发生的非洲猪瘟突发事件来看，网络舆论在瞬间扩散，引起社会公众持续并高度关注，造成了较大的社会恐慌，负向舆论信息加剧。媒体作为向社会公众传播信息的平台，其角色也逐渐变成对政府等部门信息的补充。面对大数据环境，媒体对舆论信息流动的真实性有待商榷，同时法律文件上也存在缺口，媒体管理与支持能力不足。因此媒体权威机构应加大对舆论信息的管控，正确引导社会公众预防疫情的危害。

四、社会公众风险认知能力不足

随着中国社会经济的发展，社会公众对于生活质量的要求越来越高，由于畜禽产品富含高蛋白和维生素等物质，公众对畜禽产品的需求也不断上升。公众对动物疫病发生的风险认知，主要通过对信息的搜集以及自身的判断。在禽流感疫情与非洲猪瘟疫情相继发生之后，公众对畜禽产品的反应较为剧烈，养殖产业受到极大影响，产品销量急剧下降，同时对大型超市的依赖程度提升。但受舆情信息不对称以及公众对风险认知与判断不同的影响，畜禽市场在很长一段时间难以恢复正常，经济发展受到阻碍。

第八章 中国重大动物疫病公共风险利益主体协同机理

重大动物疫病防控和疫情管理对社会效益和经济效益有直接的影响，这里主要分为非人兽共患病疫情风险和人兽共患病疫情风险两种情况。其中非人兽共患病主要涉及人们的经济效益，与社会效益的联系较少；而人兽共患病既对经济效益有巨大的冲击，又对社会效益有很大的影响。根据重大动物疫病概念中的生产特征、公共社会特征和经济收益特征以及在风险的防控与管理中兼具的社会学和经济学特征来看，有效控制重大动物疫病公共风险的发生，有利于保持社会经济的发展与社会秩序的稳定。

第一节 重大动物疫病公共风险利益主体合力作用分析

重大动物疫病公共风险的防治与管理分为两个阶段：一是动物疫病发生前，养殖户和政府成为主要的承担主体，主要以预防为主，采用防治疫情发生、监控疫情发展、监测疫情传播三个手段为主。媒体与社会公众对其的压力相对较小；二是动物疫病发生后，养殖户和政府仍然作为主要的管理主体，主要以处理为主，采用对疫情区域进行隔离、扑杀已感染和疑似感染畜禽，加强疫苗与药物饲料补助，对周围地区加强防控，处理未消毒工具，将死亡畜禽尸体进行无害化处理等。媒体作为信息的主要传播桥梁，及时公布动物疫病死亡与感染数量、已感染疫情区域、疫情传播途径与载体以及疫情防控措施等信息。

重大动物疫病风险的暴发与消除需要政府、养殖户、媒体和社会公众四个层面共同发力，以合力摆脱对经济和社会效益的不同阻碍。按政府、养殖户、媒体和社会公众四个维度，从公共风险的不同阶段，分析其主体合力的作用方向。由物理学中的合力可知，当各种力量的方向一致时合力最大，产生的效果越显著。

从预防阶段来说，政府是动物疫病风险预防的外在推动力，养殖户是动物疫病预防的内在驱动力，另外还包含较小媒体、公众压力等外在压力。由图 8 - 1 可知，在预防阶段，当各利益主体对公共风险的合力控制向下达到最大时（合力最强时），重大动物疫病公共风险将会被弱化，甚至消解，从而把疫情风险损失降到最低；反之，若各利益主体对公共风险的合力向右达到最大时（合力最弱时），重大动物疫病公共风险将会被放大，最终演变成公共风险的全面暴发，社会效益和经济效益损失程度也将不断扩大。从发生阶段来说，各利益主体对动物疫病公共风险的合力向左达到最大时，可弱化甚至解除最大动物疫病公共风险对社会与经济的危害；反之，各利益主体对动物疫病公共风险的合力向上达到最大时，将扩大风险的危害程度，加大对社会经济和社会稳定的破坏。

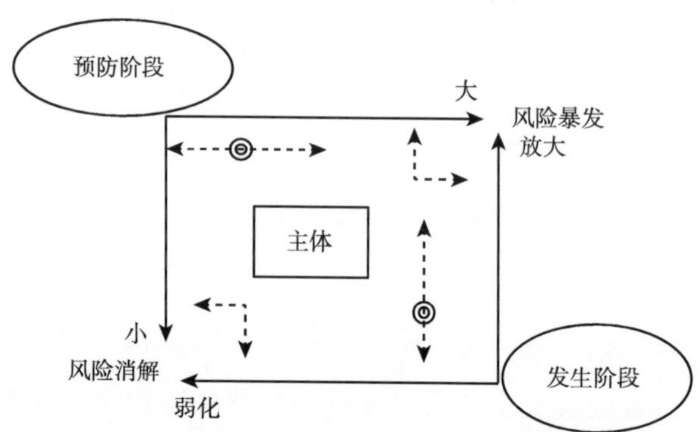

图 8 - 1　重大动物疫病利益主体行为作用方向

注：表示可调节的阀点，根据不同主体在风险预防阶段、风险发生阶段的作用力度可调节。

第二节　重大动物疫病公共风险利益主体协同分析——以 H7N9 疫情为例

一、H7N9 疫情传播规律

H7N9 型禽流感是一种新型流感病毒，是由流感病毒引起的一种急性呼吸道传染病。H7N9 型禽流感的发现更新了禽流感病毒种类，也在全球产生了严重影响，2013 年中国开始将其纳入全国法定报告传染病监测系统。

H7N9 疫情于 2013 年 3 月 31 日首次在中国上海、安徽被发现，之后迅速向全国范围蔓延，现已覆盖了广东、山东、北京、浙江、江西、福建等 27 个省（市）。截至 2018 年 12 月，全国累计感染 H7N9 禽流感人数达到 1400 例，其中 2017 年出现近 5 年来发病高峰，发现 589 例，占总体的 42%（见表 8 - 1）。针对 H7N9 疫情高发病率、高死亡率的特点，现阶段应另辟蹊径，结合养殖户、社会公众、政府以及专家媒体 4 个相关主体的角度，深入分析 H7N9 疫情各阶段特点及各层次主体的作用，寻求控制疫情暴发的有效措施，并为该类禽流感疫情制定出一套科学合理的疫病防治与控制体系。

表 8 - 1　2013—2018 年中国 H7N9 疫情发生情况　单位：例

	2013 年	2014 年	2015 年	2016 年	2017 年	2018 年
发病数量	19	330	196	264	589	2
死亡数量	1	135	92	73	259	1

数据来源：根据 2013—2018 年《全国法定传染病疫情概况》整理汇总。

目前，国内外大量的研究文献从防控疫情影响因素、养殖户防控、政府干预以及媒体等角度进行研究。多数学者认为地域、季节等特性，社会公众与养殖户对疫情认知能力、对疫情反应能力，政府干预与媒体传播等因素均对疫情的防控起到至关重要的作用。

二、H7N9 疫情主体防控及其演化

H7N9 疫情防控及其演化过程必然涉及政府、养殖户、社会公众、媒体四项主体之间的互动，而这种互动实质是其内部要素发挥作用的过程，选择其中最有效的互动方式降低疫情对社会的危害。将 H7N9 疫情分为四个阶段：疫情发展期、疫情上升期、疫情高潮期和疫情衰退期。疫情发展期为疫情暴发初期，也是养殖户、社会公众、政府等的反映时期，各主体需要在该时期及时采取措施，合理预测疫情的影响程度，从源头控制疫情的发展。疫情上升期则为疫情暴露在公众之下后，为避免造成极大的社会恐慌，要强化主体的作用机制，引导疫情平稳进而度过高潮期。经过疫情长时间的发展，政府、领域专家以及养殖户对疫情的防控已经有了经验，进一步到衰退期。根据 2013—2017 年我国 H7N9 疫情主体防控情况，绘制出 H7N9 疫情的无环链式图（见图 8－2）。

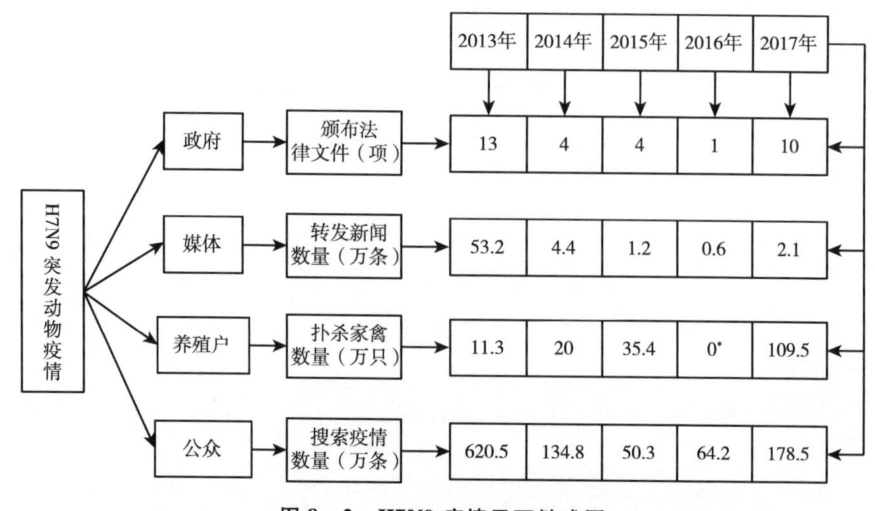

图 8－2　H7N9 疫情无环链式图

*：2016 年家禽主要感染禽流感类型为 H5N1 和 H5N6，因此这里标记为 0。

数据来源：根据中国农业农村部、中国动物疫病预防控制中心、中国动物卫生与流行病学和中国兽医等网站以及百度指数整理获得。

从图 8－2 横向时间轴可以看出，自 2013 年 H7N9 疫情暴发之日起，中央政府不断颁布各项政策文件，2013 年最多达 13 项，之后 3 年逐渐减少，2016 年降为 1 项，原因可能是 H7N9 暴发之后，相关的 H7 类、H5 类病毒也频频被发现，而且各地对 H7N9 疫情引发的疫情也相应得到控制，各地区发布的各类法律文件更多，因此中央政府对其针对性不强。2017 年 H7N9 疫情卷土重来，国家对其病毒的重视程度再次被提高，法律文件也增加到 10 项。

媒体对疫情信息的传递功能在疫情刚发生的时候尤其重要，从新闻媒体的转载量可以看出，2013 年初次在全国发现 H7N9 病毒，相关信息转发达 53.2 万条，随后几年开始减少。2017 年 H7N9 疫情再次暴发，媒体的转载量是 2016 年的 2.5 倍，0.6 万条，但较 2013 年仍增量较少。由此说明媒体对该病毒的再次发生并没有过多重视。与之相似的是公众对疫情的搜集情况，这里不作特别解释。

养殖户对疫情的暴发较为敏感，在 2013 年首次暴发时，由于对疫情信息的了解不够全面，相应的扑杀工作也不够及时，扑杀家禽数量为 11.3 万只，之后两年随着疫情防控工作的全面部署，感染民众数量减少的同时，扑杀工作力度加大。2014 年扑杀较 2013 年增加了 85.8%，2015 年数量再次较 2014 年增加了 77%。2016 年并没有 H7N9 疫情发生。2017 年疫情再次发生时，养殖户敏锐进行大规模扑杀，数量达到 109.5 万只，这有利于降低公众感染的可能，从而维持社会稳定。

三、重大动物疫病公共风险利益主体风险评估

（一）H7N9 疫情的主体因素分析

从政府、媒体、养殖户和社会公众四个 H7N9 疫情主体角度出发，能够准确地把握疫情发生与防控的全过程，从动物死亡开始，到病毒感染人类，再到政府采取的紧急应对措施，以及媒体的舆论宣传作用。因此，本书从四个视角与不同时刻对疫情进行分析（见图 8－3）。

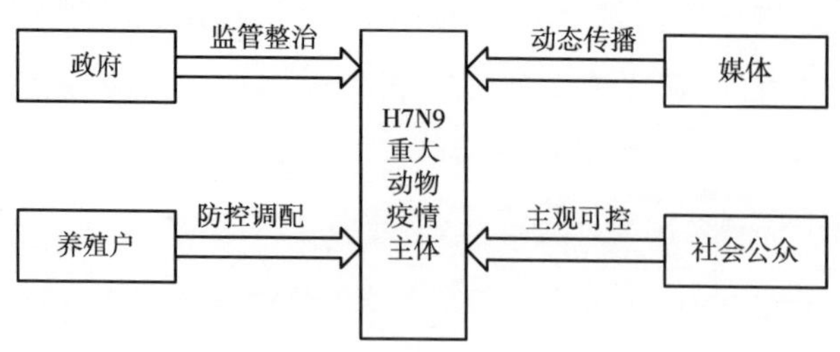

图 8-3 H7N9 疫情主体因素分析

1. 政府主体分析

将从制度建设水平和监测水平评价政府对疫情的控制能力。自 2013 年 H7N9 疫情发生至今，政府不断探索、总结、完善疫情控制手段，开展相关调查，及时发现问题。针对农户有意隐瞒疫情信息、无害化处理不及时等现象，政府逐渐调整防疫补偿机制，加大对养殖户使用疫苗与实施扑杀措施的补贴力度，采用激励与惩罚的双向方式，加大对疫情的监测与管制，并及时关闭活禽交易市场，从源头上遏制疫情的扩散与演变。同时对患者实施减免医疗费用、确立医保报销保证机制等措施，极大降低了人员死亡率。

2. 媒体主体分析

评价媒体获取信息和传播信息水平，则主要考虑媒体信息的时效性、准确性与广泛性。H7N9 疫情发生初期，微博、论坛、微信、网站、报刊等社交工具在第一时间发布政府最新工作信息、疫情进展与防御措施，能够有效控制疫情的恶化与蔓延。据调查发现，2013—2018 年春冬 H7N9 高发病时期，《人民日报》与新华网等报刊、网站以及微博发布的相关报道在较短时间内被大量查阅、摘录、评论并转发，由此可推断媒体在疫情传播与防御中起到了极大的作用。

3. 养殖户主体分析

评价养殖户疫情防控行为，主要从生产、预防和管理三方面进行考察。养殖户生产成本投入与养殖规模化程度，在一定程度上会影响养殖户对待疫情的态度与积极性。对于中小型养殖户来说，重大动物疫病预防与控制，取决于日常监测与防范行为。因此，要结合养殖户自身能力以及对风险识别和认知，及时发现疫情信息，采取扑杀等无害化处理方式，减少经济损失和社会风险。

4. 社会公众主体分析

社会公众在疫情发生前期较为被动，容易产生恐慌，对不同信息的辨别能力较差，多关注疫情的负向信息，容易产生从众现象、消极情绪；疫情发生中期，在了解基本情况、储备相关疫情知识后，能够产生对疫情风险的基本认识；疫情发生后期，社会公众对信息关注程度趋于理性化，具备对信息筛选与鉴别能力，能够综合评判各种信息，最终做出有利于自身利益的判断。基于此，针对社会公众的疫情防控应侧重于对社会公众自身素质与应急反应能力的考察。

（二）模型指标体系构建

综上所述，对 H7N9 疫情中政府、养殖户、媒体与社会公众四个主体开展指标评价，具体见表 8－2。

表 8－2　H7N9 主体因素指标评价

	指标	指标
H7N9 主体指标评价	养殖户 U1	生产水平 A1
		防范水平 A2
		管理水平 A3
	社会公众 U2	自身素质 A4
		应急能力 A5
	政府 U3	制度建设 A6
		监督水平 A7
	媒体 U4	获取水平 A8
		传播水平 A9

1. 主体指标构建

H7N9疫情防控及其扩散过程定然涉及政府、养殖户、社会公众、媒体四个主体之间的互动，而这种互动实质是其内部要素发挥作用的过程。至此，基于层次分析法（Analytic Hierarchy Process，AHP）与模糊综合评价法定义及其运用进行研究，得出H7N9主体指标体系及其各指标的权重值，然后通过专家咨询法对评价结果进行分析，构造模糊评价矩阵R，进而计算出各指标得分，分数越高，重要程度越高。

2. 指标构建原则

确定H7N9疫情主体指标体系是评价疫情主体情况的研究前提，也是重大动物疫病相关主体间作用机制的研究关键。为了更加系统、全面、科学地构建评价指标体系，选取指标时要遵循相关原则，即：

（1）科学性原则。应该选择科学、合理的指标体系，尽量客观、真实地反映现实状况，各指标界定清晰、明确。

（2）系统性原则。从整体角度，较为全面地反映在H7N9疫情发生时，各个主体作用特征，而且指标体系层次结构分明，便于后期的计算与评价。

（3）代表性原则。重大动物疫病主体间影响因素错综复杂，因此在指标选用上要具有较强的代表性，保证信息可替代性强，避免过度冗叠。

3. 指标构建方法

在搜集H7N9相关资料与数据以及参考众多国内外学者研究成果的基础上，并通过专家咨询法，根据专家意见整理并修改后，设立指标体系的目标层、准则层、指标层。该指标体系涵盖了疫情防控四大主体，能够充分反映出疫情在生产、防范、监督、传播等不同阶段的作用效果，指标数量合理，可操作性强，而且具有极大的社会价值与经济价值。具体包括：政府对疫情制度建设和监测的控制能力；媒体对疫情信息的获取能力和传递的速度；养殖户对疫情的识别和处理水平；社会公众在疫情中的辨别和决策行为。

对 H7N9 疫情主体的评价指标体系设为：目标层（一级指标）有 1 项，准则层（二级指标、三级指标）分别有 4 项、9 项，指标层（四级指标）有 25 项。由此构建该指标体系二级指标因素集合为 $U=\{U_1, U_2, U_3, U_4\}$，三级指标集合为 $A=\{A_1, A_2, \cdots, A_9\}$，四级指标集合为 $B=\{B_1, B_2, \cdots, B_{25}\}$，并确立了评价体系的总体框架结构（见图 8-4）。

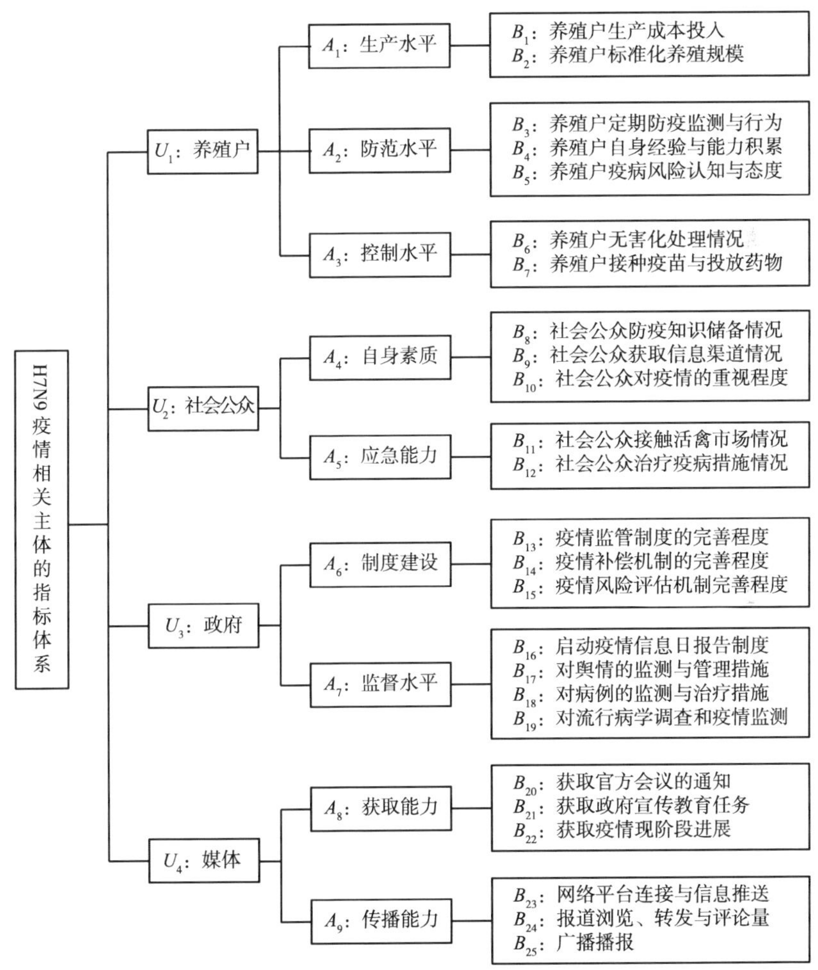

图 8-4　H7N9 主体评价指标体系

（三）指标评价方法

采用专家咨询法对各项指标的重要性进行评定，将整理好的数据运用Satty比例九标度体系构造判断矩阵，即在相同水平或标准下，采用相对尺度将该水平或标准中的因素两两之间进行比较，其中矩阵中a_{ij}表示a_i比a_j的重要程度。在判断矩阵A_i中，若重视程度为1～9，说明前者a_i较后者a_j重要，且数值越大重视程度越高；若重视程度为1/9～1/2，则说明后者a_j较前者a_i重要，数值越小重视程度越高。

判断矩阵确立之后，运用公式对其进行量化处理，首先将矩阵的所有列分别进行归一化：

$$\bar{a}_{ij} = a_{ij} \Big/ \sum_{j=1}^{n} a_{ij} (i,j = 1,2,3,\cdots,n) \tag{8.1}$$

为了保证$\sum_{j=1}^{n} a_{ij} = 1(i,j = 1,2,3,\cdots,n)$，进而将公式（8.1）计算后得到的矩阵每行分别相加，即

$$\bar{w}_i = \sum_{j=1}^{n} a_{ij} (i,j = 1,2,3,\cdots,n) \tag{8.2}$$

得到一行j列的新矩阵，再次归一化处理后，整理得到$\bar{w}_i = [\bar{w}_1, \bar{w}_2, \cdots, \bar{w}_n]T$，即为各定性评价指标量化后的权重值。其次需要进行一致性检验：

$$CR = \frac{CI}{RI} \tag{8.3}$$

其中，CI与RI分别是判断矩阵的一致性指标和随机一致性指标，CI可通过公式$CI = \frac{\lambda_{\max} - n}{n - 1}$计算得出，$RI$值可查阅与矩阵阶数的对应关系表。若$CR < 0.1$，则说明判断矩阵能够通过一致性检验；否则，说明判断矩阵存在不妥之处，需要修改后再次验证，直至通过。

最后，结合研究内容与专家意见将主体评价体系分为5个等级，即该

模型中 $n=5$，分别为"V_1：很好""V_2：较好""V_3：一般""V_4：较差""V_5：很差"，因此该模型评语集为 $V=\{V_1, V_2, V_3, V_4, V_5\}$。为了量化评价结果，需确定一组评价尺度 $E=\{100,80,60,40,20\}$，分别对应评语集的 5 个等级，以便确定各指标的隶属度，进而得到对应的隶属关系，构建出模糊评价矩阵：

$$R=\begin{bmatrix} r_{11} & r_{12} & \cdots & r_{1m} \\ r_{21} & r_{22} & \cdots & r_{2m} \\ \vdots & \vdots & \ddots & \vdots \\ r_{n1} & r_{n2} & \cdots & r_{nm} \end{bmatrix}_{n\times m} \begin{pmatrix} 0\leqslant r_{ij}\leqslant 1 \\ 1\leqslant i\leqslant n \\ 1\leqslant j\leqslant m \end{pmatrix}$$

按照加权平均法 $M(\cdot\ \oplus):b_j=\sum_{i=1}^{n} a_i\cdot r_{ij}(j=1,2,\cdots,m)$ 计算，最终得到模糊评价结果 $Z=W^T\cdot R\cdot E^T$。

（四）指标体系计算

1. 指标权重值计算

根据表 8－2 中主体评价指标体系，通过专家对各层次指标重要性程度一一进行比较，确定权重关系，经一致性检验通过之后，得出各项指标的权重值（见表 8－3）。

2. 模糊评价矩阵计算

确定权重之后，再次通过问卷调查方式，选取 10 位相关领域专家对 H7N9 疫情主体评价指标的各项影响因素的反应效果进行评价，得到指标的隶属关系，经过汇总统计后得到模糊评价矩阵（见表 8－4）。

3. 指标评价结果

由此可确定各层级指标的隶属矩阵 R，然后运用公式 $Z=W^T\cdot R\cdot E^T$ 计算总得分，末级指标综合评价结果为 $B_i=W_i^T R_i$，R_i 为上级指标模糊评价矩阵，由此得出 H7N9 疫情主体指标体系的模糊综合评价结果（见表 8－5）。

表 8－3　　H7N9 疫情主体指标权重汇总

	CR 结果	二级指标	权重	CR 结果	三级指标	权重	CR 结果	四级指标	权重
H7N9 疫情相关主体的指标体系	0.0462	U_1：养殖户	0.2643	0.0092	A_1：生产水平	0.6232	0.0000	B_1：养殖户生产成本投入	0.2500
								B_2：养殖户标准化养殖规模	0.7500
					A_2：防范水平	0.2395	0.0091	B_3：养殖户定期防疫监测与行为	0.1220
								B_4：养殖户自身经验与能力积累	0.3196
								B_5：养殖户疫病风险认知与态度	0.5584
					A_3：控制水平	0.1373	0.0000	B_6：养殖户无害化处理措施	0.6667
								B_7：养殖户接种疫苗与投放药物	0.3333
		U_2：社会公众	0.0726	0.0000	A_4：自身素质	0.2500	0.0046	B_8：社会公众防疫知识储备情况	0.1634
								B_9：社会公众获取信息渠道情况	0.5396
								B_{10}：社会公众对疫情的重视程度	0.2970
					A_5：应急能力	0.7500	0.0000	B_{11}：社会公众接触活禽市场情况	0.7500
								B_{12}：社会公众治疗疫病措施了解	0.2500
		U_3：政府	0.4708	0.0000	A_6：制度建设	0.6667	0.0046	B_{13}：疫情监管制度完善程度	0.5396
								B_{14}：疫情补偿机制完善程度	0.2970
								B_{15}：疫情风险评估机制完善程度	0.1634
					A_7：监督水平	0.3333	0.0162	B_{16}：启动疫情信息日报告制度	0.0786
								B_{17}：对舆情的监测与管理措施	0.1264
								B_{18}：对病例的监测与治疗措施	0.4896
								B_{19}：对流行病学调查与疫情监测	0.3054
		U_4：媒体	0.1924	0.0000	A_8：获取能力	0.5000	0.0092	B_{20}：获取官方会议的通知	0.6232
								B_{21}：获取政府宣传教育任务	0.1373
								B_{22}：获取疫情阶段性进展	0.2395
					A_9：传播能力	0.5000	0.0046	B_{23}：网络平台连接与信息推送	0.2970
								B_{24}：报道浏览、转发与评论量	0.5396
								B_{25}：广播播报	0.1634

表 8-4 模糊评估问卷统计

四级指标	权重	很好	较好	一般	较差	极差
B_1：养殖户生产成本投入	0.2500	0.3	0.3	0.3	0.1	0
B_2：养殖户标准化养殖规模	0.7500	0.4	0.2	0.3	0.1	0
B_3：养殖户定期防疫监测与行为	0.1220	0.2	0.6	0.2	0	0
B_4：养殖户自身经验与能力积累	0.3196	0.4	0.5	0.1	0	0
B_5：养殖户疫病风险认知与态度	0.5584	0.2	0.4	0.4	0	0
B_6：养殖户无害化处理措施	0.6667	0.3	0.4	0.3	0	0
B_7：养殖户接种疫苗与投放药物	0.3333	0.5	0.3	0.2	0	0
B_8：社会公众防疫知识储备情况	0.1634	0.2	0.4	0.3	0.1	0
B_9：社会公众获取信息渠道情况	0.5396	0.3	0.5	0.2	0	0
B_{10}：社会公众对疫情的重视程度	0.2970	0.1	0.4	0.4	0.1	0
B_{11}：社会公众接触活禽市场情况	0.7500	0.2	0.3	0.4	0.1	0
B_{12}：社会公众治疗疫病措施了解	0.2500	0.4	0.4	0.2	0	0
B_{13}：疫情监管制度完善程度	0.5396	0.4	0.5	0.1	0	0
B_{14}：疫情补偿机制完善程度	0.2970	0.5	0.3	0.2	0	0
B_{15}：疫情风险评估机制完善程度	0.1634	0.3	0.4	0.2	0.1	0
B_{16}：启动疫情信息日报告制度	0.0786	0.4	0.3	0.3	0	0
B_{17}：对舆情的监测与管理措施	0.1264	0.3	0.5	0.2	0	0
B_{18}：对病例的监测与治疗措施	0.4896	0.6	0.3	0.1	0	0
B_{19}：对流行病学调查与疫情监测	0.3054	0.5	0.4	0.1	0	0
B_{20}：获取官方会议的通知	0.6232	0.5	0.3	0.2	0	0
B_{21}：获取政府宣传教育任务	0.1373	0.3	0.4	0.3	0	0
B_{22}：获取疫情阶段性进展	0.2395	0.6	0.2	0.2	0	0
B_{23}：网络平台连接与信息推送	0.2970	0.5	0.2	0.3	0	0
B_{24}：报道浏览、转发与评论量	0.5396	0.4	0.3	0.3	0	0
B_{25}：广播播报	0.1634	0.3	0.4	0.2	0.1	0

表 8-5 模糊评估问卷统计

	得分	指标	得分	指标	得分
H7N9 主体指标评价	82.72	U_1：养殖户	78.64	A_1：生产水平	77.5
				A_2：防范水平	79.68
				A_3：管理水平	82.08
		U_2：社会公众	75.60	A_4：自身素质	77.12
				A_5：应急能力	75.00
		U_3：政府	85.62	A_6：制度建设	84.62
				A_7：监督水平	87.76
		U_4：媒体	83.88	A_8：获取水平	85.64
				A_9：传播水平	81.94

根据模糊评估模型结果得出，H7N9 主体评价得分为 82.72 分，总体结果“较好”，其中政府得分最高为 85.62 分，依次是媒体 83.88 分、养殖户 78.64 分、社会公众 75.60 分。模糊综合评价中政府和媒体均在 80 分以上，评价结果为“较好”，养殖户与社会公众为 80～60 分，评价结果“一般”。以上研究结果说明，H7N9 疫情主体间作用效果较好，对疫情控制措施合理，并且政府对疫情作用效果最为明显，媒体传播作用也较为突出，但养殖户防范行为还需加强，社会公众自身能力仍需有进一步提升。

基于以上研究结果，疫情主体互相作用对于重大动物疫病尤其是禽流感病毒防控还需进一步优化与提升，其中对政府监测与控制、养殖户检测与管理等防控行为的优化尤为重要，提升媒体传播与养殖户预防等行为能力也是防范疫情的重要手段。

第三节　重大动物疫病公共风险利益主体协同机制

经过层次分析法（AHP）与模糊评价法与作用机制图分析得出，政府作用最为明显，它是主体间联系的枢纽，能够充分发挥各主体优势，有效抑制疫情进一步蔓延，将经济损失降到可控范围；媒体传播与扩散也是控制疫情的关键，当社会处于对疫情恐慌之中，媒体就是一座“桥梁”，它及时与各主体交换信息，将最可靠的消息、最有利的手段传递出去，降低疫情危害，提高防范疫情的精准性与合理性；养殖户则是根基，养殖户日常清理消毒、免疫与监测能够极大减少了疫病产生，养殖户扑杀、隔离等无害化处理手段，也能高效阻隔问题禽类流入市场，降低民众患病风险，减少社会损失；社会公众作为信息最终接受者，及时做出反应，提升自身素质与防御能力，可以阻断疫情的进一步传递，降低患病人数，减少资金过度浪费与资源的流失。

由模型验证数据与合力模型来看，重大动物疫病利益主体的主要作用机制是政府、养殖户、社会公众、媒体等多个主体立足于自身行为动机，将其内部要素合理运用到重大动物疫病公共风险的防控中，充当的各种社会角色，充分考虑自身优势，共同促进内部要素综合效益的发挥（见图 8－5）。基于此机制，应建立健全疫情监测与预警机制，促进社会公众综合素质的提升，扩大政策性农业保险范围，保证农户基本收入水平，提升中国对疫情防控的整体实力，实现各主体协同作用目标。

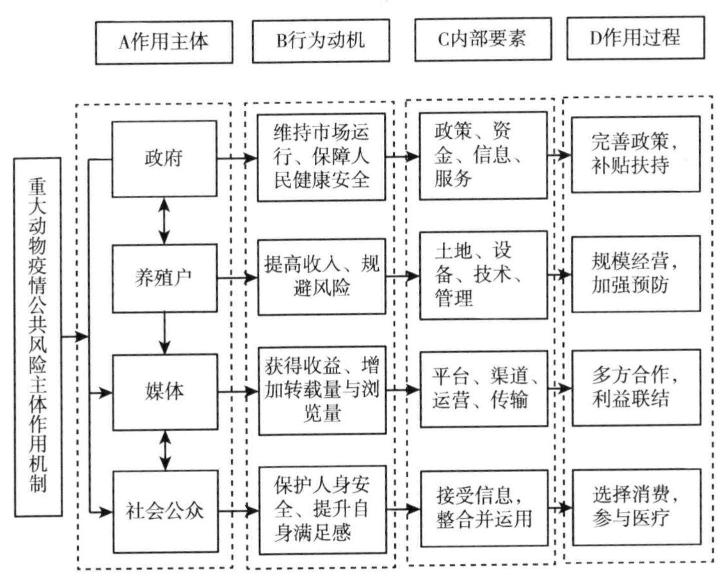

图 8－5　重大动物疫病公共风险主体协同作用机制

一、政府为疫情提供资金扶持

政府以维持市场运行、保障人民健康为目的，通过规范重大动物疫病防控和疫情信息管理政策、扩大疫情防控资金流动、为养殖户和媒体提供充足的信息、完善社会化服务体系四项内部要素，最终达到对养殖业和媒体制定完善的政策，保障社会群体的信息准确、及时传播，加大养殖户疫情补贴扶持力度的目的。

二、养殖户加强疫情防控管理

养殖户以提高收入、规避风险为目的，主要通过调整土地、设备、技术和管理四项要素来协调重大动物疫病风险，协同政府、媒体与公众控制疫情危害。养殖户应调整合适的养殖规模，坚持合理经营的管理理念，通过学习先进的技术和设备的更新换代，保证疫情预防的准确性和发现疫情的及时性。

三、媒体缔结平台，加快信息流通

媒体以获得收益、增加转载量与浏览量为目的，通过各个平台、渠道的构建，设置疫情专题信息的运营，保证疫情信息的时效性。由于媒体是营利性组织，媒体利益的取得一方面来自政府，另一方面来自公众，因此媒体作为第三方信息传递组织，要与政府、养殖户和公众多方协作，更有效地传播信息，多层次、多角度吸引各界人士注意，从而增强公众风险认知，降低突发性卫生事件对社会冲击。

四、公众提高自身能力，理性决策

社会公众以保护人身安全、提升自身满足感为目的，通过多渠道接收和整合信息，增强自身疫情风险判断能力，对疫情发展不同阶段采取理性的决策行为。公众在疫情发生的过程中，应一方面在医疗方面与政府进行协同对接，另一方面对畜禽产品的消费行为调整，从而达到对疫情的理性防控，并保障个人安全。

第九章

中国重大动物疫病公共风险利益主体防控决策选择分析

根据前景理论对重大动物疫病公共风险利益主体行为的影响，通过媒体、政府疫情信息的提供与传播来对养殖户和社会公众对风险认知水平进行分析，将信息分为两类：一类为描述风险与风险事件特征的信息；另一类是政府、媒体为降低风险危害而传递的其他疫情信息。因此，在对养殖户和社会公众风险认知的考察过程中，将疫情分析分为三类：风险事件特征信息、风险预期发生情况与政府信息控制能力（见图9－1）。

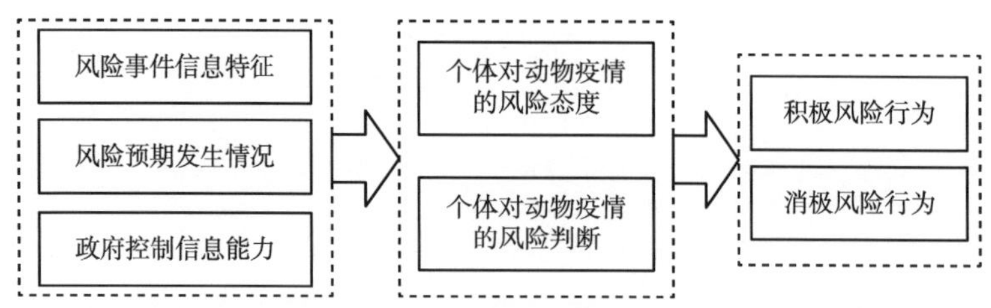

图9－1　重大动物疫病突发事件个体决策行为

在重大动物疫病公共风险的管理中，个体通过对疫情的分类，对疫情进行初步的判断和分析，这里主要考虑个体对动物疫病的风险态度和风险判断，进而更为直接有效地对风险作出决策。通常将个体的决策行为简单分为两种：积极风险行为和消极风险行为，前者指在面对风险时个体通过自身经验和资料对风险理性分析，合理购买畜禽产品；后者指个体不能依靠个人能力取得有效信息对风险进行判断，因此对大多数畜禽产品采取消极抵抗的态度。积极行为与消极行为的确定是通过社会公众对畜禽产品的消费情况、风险认知与规避行为体现出来，通过运用模型进行研究，分析其个体决策行为和主要影响因素。

第一节　重大动物疫病公共风险群体决策行为分析——以SARS疫情为例

突发重大动物疫病，利益相关者群体的决策行为受个体差异影响而存在不同，养殖户的受教育程度、年龄等自身因素差异直接关系到疫情的防控能力，社会公众主体差异大且数量基数大，因此增加了重大动物疫病在管理与控制过程中的复杂性和困难程度。在信息供应作用机理的研究中，只要考虑两方面内容：一是对风险事件的传递与表述，根据对风险事件特征的控制，能增加群体风险感知力，减少动物疫病风险造成的不可预计损失，能有效缓解养殖产业链条中疫情传播速度；二是风险信息的有效传播，能降低社会公众对风险的认知，理性认识突发动物事件风险威胁，避免社会恐慌，调节社会公众心理水平，有利于在接受动物疫病风险的同时，及时调整自身状态，有效控制疫情在人与人之间传播，引导社会公众进行理性决策与消费行为，保护社会公众身心健康。由此，信息供给作用机制在动物疫病突发时，应有效降低养殖户内部疫病的传播，控制疫情损失，降低公众恐慌，促进理性消费，缩小社会公众群体性行为空间。

一、SARS疫情群体传播速度

SARS病毒属于套式病毒目、冠状病毒科、冠状病毒属，为β属B亚群冠状病毒，能够感染多种哺乳动物和鸟类，是引起非典型肺类（重症急性呼吸综合征）的病原体，并且可使人发病并导致死亡。中国广东、广西和云南等南方地区野生动物多，早些年该地区人们喜欢打野味食用，尤其是果子狸。而果子狸体内则存在 SARS 病毒，食用果子狸致使 SARS 病毒直接感染到人类，当然也有不少学者不赞同这一观点。但 SARS 病毒是从野生动物传播给人类的，这点毋庸置疑，由此中国颁布了很多野生动物保护办法与条例。SARS 病毒感染患者于 2002 年 12 月底在广东被发现，2003 年开始在中国内地传播扩散，传播速度极为快速，造成大批社会民众和医务人员感染甚至死亡。

据统计，2003 年 2 月中旬共发现 305 例感染者，死亡者 5 例，到 3 月 31 日共报告非典型肺炎患者 1190 例，其中广东省最多，达到 1153 例，然后分别是北京市 12 例、山西省 4 例，此时已经治愈的共 934 人，占总病例数的 78.5%，并且未发生新的病例。截至 5 月下旬中国内地 23 个省份发现 SARS 疫情（见表 9－1），感染总数 5228 例，其中医疗人员患者 959 例，死亡 280 例。2003 年 6—7 月中国非典型肺炎感染率与死亡率开始趋于稳定，人数不再上升。

表 9－1　　2003 年 5 月 18 日中国 SARS 疫情情况　　单位：例

	北京	天津	河北	山西	内蒙古	辽宁	吉林	上海	江苏	浙江	安徽
患者	2434	176	210	445	289	3	35	7	7	4	10
医疗人员患者	394	67	22	78	42	0	7	0	0	0	0
死亡	147	12	10	20	25	0	3	2	1	0	0

	福建	江西	山东	河南	湖北	广东	广西	重庆	四川	甘肃	陕西	宁夏
患者	3	1	1	15	6	1514	22	3	17	12	8	6
医疗人员患者	0	0	0	1	1	346	0	0	0	1	0	0
死亡	0	0	0	0	0	56	0	0	2	0	1	1

数据来源：根据《中国统计公报》整理。

二、抗击 SARS 疫情群体决策演变过程

根据对重大动物疫病风险事件中的风险事件特征、风险预期情况、政

府控制能力三个维度，结合2003年全国的SARS病毒事件，构建突发重大动物疫病公共风险群体决策行为模式，并且绘制维度的群体行为决策空间GBS模型图（见图9-2）。

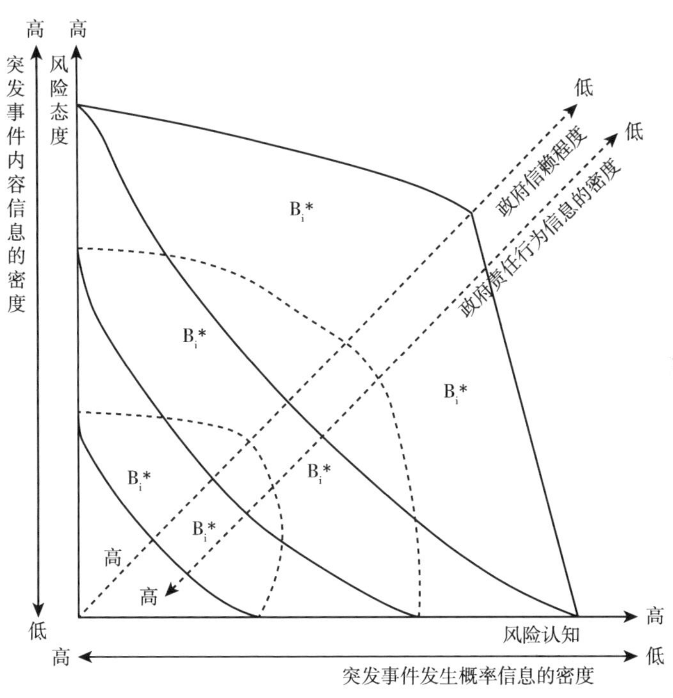

图9-2　重大动物疫病群体行为空间与因素

SARS病毒以野生动物的载体传播到人类，因此这里不涉及对养殖户的分析，主要分析社会公众的群体行为空间GBS情况。突发性SARS疫情之所以能引起全球高度重视，最重要的原因是SARS病毒是比较少见的人兽共患病中由动物传播给人类，并能人传人的病毒，因此世界卫生组织（World Health Organization，WHO）高度重视其预防与控制。截至2003年7月，全球有新加坡、越南、美国、英国、意大利、菲律宾、德国、法国、蒙古、马来西亚、瑞典、泰国等共计29个国家疑似出现SARS病例，疑似病例总数量8069例，死亡总数量774例。SARS病毒与流感新病毒有所联系，但首次在中国出现并在人与人间广泛传播，没有给社会公众对类似病毒的预防感知能力，而且传播方式和感染模式都增加了社会公众对风险预期发生情况的不确定性。风险的不确定性导致社会公众的恐慌越来越大，不理性行为开始出现。

（一）个体风险认知能力差，空间模型沿平面向外扩张

通过图9－2中突发动物疫病中群体行为空间GBS模型可以看出，由于SARS病毒能够引起严重呼吸道疾病，而且死亡率极高，因此社会公众为避免接触人群，消费能力下降，致使GBS沿着两个轴向外移动，分别是X轴和Y轴，GBS出现非理性扩展现象。

自2003年1月以来，SARS疫情从广东、广西、云南等地不断向外蔓延，2月左右SARS疫情信息通过电视、报纸、互联网等渠道在社会公众间传播，在传播过程中不真实情况也有出现，社会公众不安情绪更重，导致社会公众对SARS突发事件的风险感知能力提高，开始抵触公共场合。除板蓝根和食醋等预防病情药物的购买量不断增加以外，社会公众拒绝消费肉类产品，盲目跟风的“羊群效应”严重。

SARS疫情初期，政府管理部门启动了《突发公共卫生事件应急预案》以及《重大动物疫病应急管理办法》等政策，并召集当地领域专家对疫情的发生与传播进行研究，分析导致疫情发生的原因以及如何在短时间内控制疫情的对策。但在疫情发生初期政府对疫情信息了解不全面，采取“善意隐瞒措施”来降低社会公众的恐慌，但是信息的不对称和疫情传播速度的加快，不仅没有降低公众心理恐慌，还引发了疫情感染规模加大。

（二）政府预判疫情能力弱，模型再次向三维空间扩张

社会公众对SARS病毒感染的概率以及死亡情况信息了解的不完全性，导致其不能有效地对自己是否感染病毒作出合理判断，甚至觉得自己染上SARS病毒的概率很高，出现“过度应激反应行为”，最终社会公众对政府信息控制能力的信任度大大降低，公众的无助感增加。

2003 年 3—4 月是 SARS 疫情发展的高速期，卫生部部长与北京市市长等高层被免职，疫情信息开始每日向社会公众公布，疫情控制能力加强，由于 SARS 病毒是人传人病毒，因此在治疗过程中医护人员染病数量占比较大。政府组建了 SARS 疫情防治小组，标志着政府介入突发公共卫生事件。2003 年 6 月，WHO 开始对中国染病各地解除警告，也说明中国已安全度过危险期。

第二节　中国养殖户防控行为影响因素分析——以禽流感疫情为例

一、调研方案与数据说明

本次对养殖户疫情防控行为影响因素的调研采用实地调研和网上调研相结合的方式，在山东、河北、北京、安徽、河南、山西 6 个省（市）展开。本次调研时间是 2019 年 9—11 月，调研对象是规模家禽养殖农户（以中小规模为主）。为了提高样本的代表性，对不同省（市）的家禽养殖农户进行了随机抽样。在针对典型案例调查时，还对家禽养殖户进行了深入访谈，了解中国家禽养殖当前的防控现状与问题并进行分析，进而提出有针对性的对策建议。根据研究需要，本次调研设计的调查问卷共分为了 5 个部分，第一部分是养殖户的个体特征，包括养殖户年龄、学历、家庭年均总收入和养殖收入占比；第二部分是养殖特征，包括养殖年限、养殖规模、养殖种类、平均每只家禽防疫资金投入、养殖保险、禽苗产地、兽医指导、免疫计划；第三部分是疫情认知情况，包括疫情经历次数、防控知识了解程度、防控措施效果、疫情风险；第四部分是外部环境认知情况，包括申请技术服务便利性、获取疫情信息渠道、损失补贴；第五部分是政策执行情况，包括防控政策执行情况。

本次调研共回收328份问卷，其中有效问卷325份，问卷回收有效率为98.3%。其中山东省问卷43份、河北省65份、北京市60份、安徽省50份、河南省58份、山西省49份。

二、描述性分析

（一）养殖户防控行为

家禽养殖户禽流感防控行为是多方面的，包括疫苗注射、畜舍消毒、扑杀、隔离、无害化处理等，本次调查问卷选择养殖户使用较多的3种作为主要研究对象，分别是疫苗注射、畜舍消毒和扑杀。

家禽养殖户疫苗注射频率1个月1次占比最高，为34.5%，其次为半个月1次，占比28%，两者之和共占62.5%；1年注射1次疫苗占比最少，为4.9%。整体来看，中国家禽养殖户疫苗注射更加倾向于半个月1次和1个月1次，注射疫苗产生的效果更佳，可以更好地防控禽流感疫情。

家禽养殖户禽舍消毒次数较少。半个月消毒1次的占比最多，为40.3%，其次为1周1次，占比27.1%，每天消毒占比最少，为14.8%。整体来看，中国家禽养殖户畜舍消毒频率有待提升，干净的畜舍环境是家禽健康成长的基础条件，可以有效减少疫情的发生与扩散，长时间不清扫禽舍，会进一步增加疫情发生的风险。

家禽养殖户配合扑杀率较高。配合扑杀率在50%～80%的养殖户占比最高，为43.4%，其次为30%～50%，占比为27.1%，扑杀率为80%以上占比最少，为13.2%。中国规定实施监管十分严格，在禽流感发生的情况下，政府时刻关注养殖户强制扑杀情况，及时采取措施，减少养殖户不执行扑杀指令的情况发生，进一步控制疫情的蔓延和扩散，提升防控效果（见表9－2）。

表 9-2　　中国家禽养殖户防控行为

防控行为	分类情况	占比
疫苗注射	不注射	5.50%
	1周1次	10.80%
	半个月1次	28.00%
	1个月1次	34.50%
	半年1次	16.30%
	1年1次	4.9%
禽舍消毒	每天	14.8%
	1周1次	27.10%
	半个月1次	40.30%
	1个月1次	17.80%
扑杀占比	0%～30%	16.30%
	30%～50%	27.10%
	50%～80%	43.40%
	80%以上	13.20%

数据来源：根据调研问卷数据整理。

（二）养殖户个体特征

根据调研显示，中国家禽养殖户个体特征具有以下情况（见表 9-3）。

表 9-3　　中国家禽养殖户个体特征情况

基本特征	分类情况	占比	基本特征	分类情况	占比
年龄	25岁以下	13.80%	年均总收入	5000元及以下	6.50%
	25～35岁	33.50%		5001～15000元	13.80%
	35～45岁	37.80%		15001～25000元	17.20%
	45岁以上	14.80%		25001～50000元	43.70%
学历	小学及以下	8.90%		50000元以上	18.80%
	初中	45.80%	养殖收入比重	30%以下	19.10%
	高中	36.00%		30%～50%	36.60%
	大专及以上	9.20%		50%～70%	34.20%
				70%以上	10.10%

数据来源：根据调研问卷数据整理。

家禽养殖户大部分年龄集中在中老年。25 岁以下养殖户最少，占总体比重为 13.8%；35～45 岁养殖户所占比重最大，为 37.8%；其次为 25～35 岁的农户，占比 33.5%。整体来看，大部分养殖户年龄集中在 25～45 岁，总体占比 71.3%。由此看出，中国家禽养殖户绝大多数年龄偏大，从事家禽养殖的年轻人较少。

家禽养殖户普遍为初中和高中学历。45.8% 的家禽养殖户是初中学历；其次是高中学历占 36%；学历为大专及以上和小学及以下的养殖户共占 18.1%。由于家禽养殖户普遍年龄偏大，以前的教育资源相对匮乏，所以大部分养殖户学历在高中以下。

大部分家禽养殖户年均总收入在 25001～50000 元。中国 43.7% 的家禽养殖户收入在 25001～50000 元，占比最高；其次为收入在 50000 元以上，占比 18.8%；收入在 15001～25000 元的养殖户占比 17.2%；收入在 5001～15000 元的占比 13.8%；收入在 5000 元及以下的仅占 6.5%。

大部分家禽养殖户主要收入来源是养殖收入。养殖收入占总收入比重在 30%～50% 的养殖户占比最多，为 36.6%；其次为比重在 50%～70% 的养殖户，为 34.2%。两者相加，养殖收入占总收入比重在 30%～70% 的家禽养殖户共占比 70.8%。因此，中国大部分家禽养殖户收入来源主要为家禽养殖，这就导致养殖户收入十分不稳定。当发生家禽传染病时，养殖户压力非常大，此时家禽销售价格偏低，还有扑杀免疫等一系列措施也需要资金投入，养殖户收入相对较少，甚至亏损。

（三）养殖户养殖特征

养殖年限在 5～10 年的家禽养殖户占比最多，为 49.8%，占到了调查问卷总样本量的一半；养殖年限在 5 年及以下和 10～15 年的养殖户样本量相同，占比为 23.1%；养殖户养殖年限在 15 年以上的占比最少，为 4%。整体来看，中国家禽养殖户养殖年限普遍在 10 年以下，时间较短，对禽流感防控经验十分缺乏，当禽流感疫情发生时，养殖户应对迟缓的风险性较高（见图 9－3）。

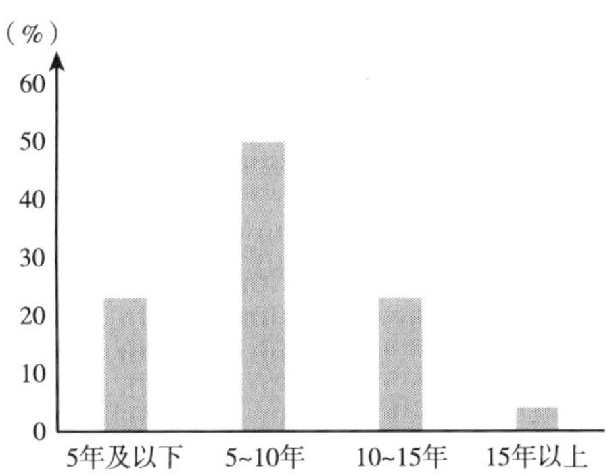

图 9-3 中国家禽养殖户养殖年限

数据来源：根据调研问卷数据整理。

根据问卷统计，从图 9-4 可以看出养殖规模在 1000~3000 只的家禽养殖户占比最高，为 38.5%；其次为 1000 只及以下，占比为 28.6%；养殖规模在 3000~5000 只的养殖户占比 27.1%，养殖规模在 5000 只以上的养殖户占比最少，为 5.8%。整体来看，中国家禽养殖户因设施、人员、技术等方面的缺乏，养殖规模普遍不高，大部分养殖规模小的养殖户疫情防控措施较不完善，很难抵御禽流感的侵袭。

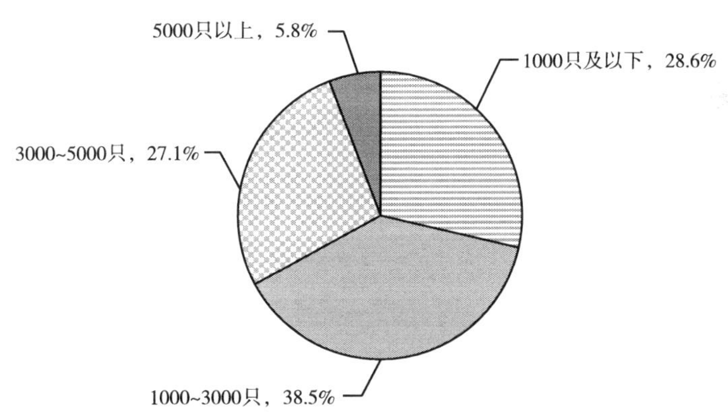

图 9-4 中国家禽养殖户养殖规模

数据来源：根据调研问卷数据整理。

家禽养殖种类多样。根据调查问卷显示，中国家禽养殖户养殖的家禽包括蛋鸡、肉鸡、观赏鸡、蛋鸭、肉鸭、肉鹅等，种类十分繁多。其中，蛋鸡的养殖户占比最多，为73%；其次为蛋鸭、肉鸡、肉鸭；其他种类的家禽养殖相对较少。中国消费者对普通鸡、鸭、鸡蛋、鸭蛋的需求量很高，所以养殖户更愿意养殖普通鸡和鸭，所获得的利润更高（见表9-4）。

表9-4　中国家禽养殖户养殖种类　单位：%

家禽种类	百分比
蛋鸡	73
肉鸡	52.5
观赏鸡	14.8
蛋鸭	54.9
肉鸭	26.2
肉鹅	17.2
其他	17.2

数据来源：根据调研问卷数据整理。

养殖户对于平均每只家禽防疫资金投入差别较大（见表9-5）。养殖户对每只家禽防疫资金投入的平均值为49.07元，投入最多的为每只120元，投入最少的为每只26元。家禽防疫资金投入包括疫苗费用、消毒费用、设施费用等，资金投入金额的多少可以明显反映出家禽的防疫情况，资金投入高的家禽养殖户养殖环境、设施、防疫措施等方面都相对完善，防控更加容易；反之，防控更加困难。因此，中国家禽养殖户的养殖水平参差不齐，禽流感疫情防控还需进一步加强。

表9-5　平均每只家禽防疫资金投入　单位：元

资金投入	数量	平均值	最大值	最小值
平均每只家禽防疫资金投入	325	49.07	120	26

数据来源：根据调研问卷数据整理。

（四）养殖户疫情认知情况

从图9-5可以看出，对疫情防控知识了解不多的养殖户占比最高，为

48.6%；其次为了解程度一般，占比26.2%；了解较多占比21.2%；非常了解占比2.5%；完全不了解的养殖户占比最少，为1.5%。整体来看，因为养殖户缺乏专业培训和学习的机会，接受新知识的方式较少，所以，当禽流感疫情暴发后，中国家禽养殖户采取防控措施、实施防控手段更加艰难，因此养殖户需要进一步学习防控知识，更好地进行防控工作。

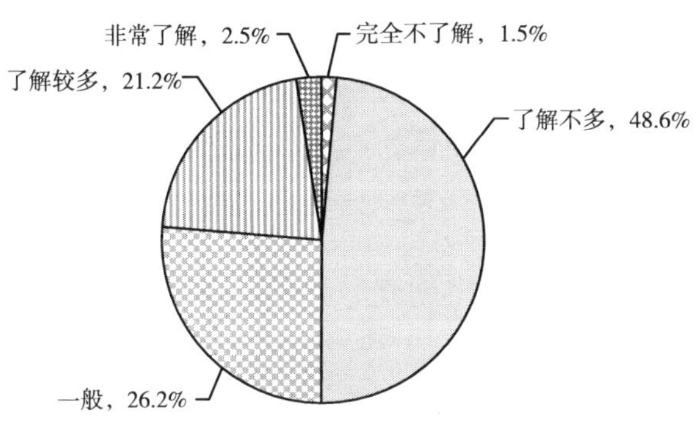

图9－5　中国家禽养殖户防控知识了解程度

数据来源：根据调研问卷数据整理。

大部分家禽养殖户认可采取疫情防控措施效果较好（见图9－6）。中国家禽养殖户认为采取疫情防控措施效果较好占比非常高，达49.2%，接近样本数量的一半；其次为效果一般，占比36.9%；认为效果非常好的养殖户占比10.5%；认为效果差占比最少，为3.4%。由此可见，中国大部分家禽养殖户对疫情防控效果呈比较积极态度。

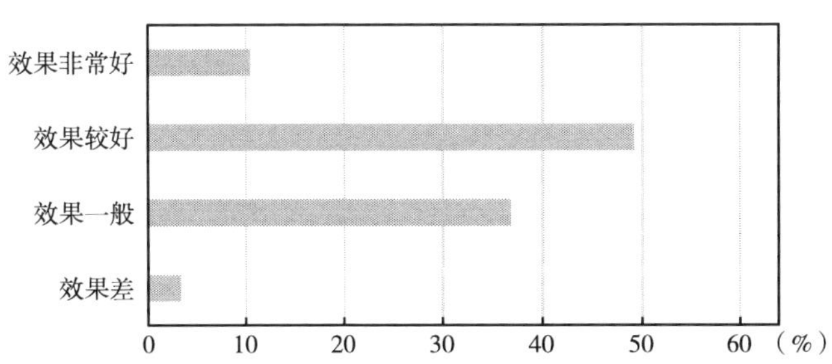

图9－6　中国家禽养殖户采取防控措施效果认知情况

数据来源：根据调研问卷数据整理。

从图9－7可以看出，大部分养殖户疫情风险认知程度为一般，占比52.6%；其次为风险较大，占比20.8%；风险较小占比14.5%；风险非常大占比最少，为12.1%；风险一般和风险较小两者之和达到67.1%。整体来看，中国大部分家禽养殖户对禽流感疫情风险认知情况为一般及以下，对疫情的重视程度不够，十分不利于疫情的防控。

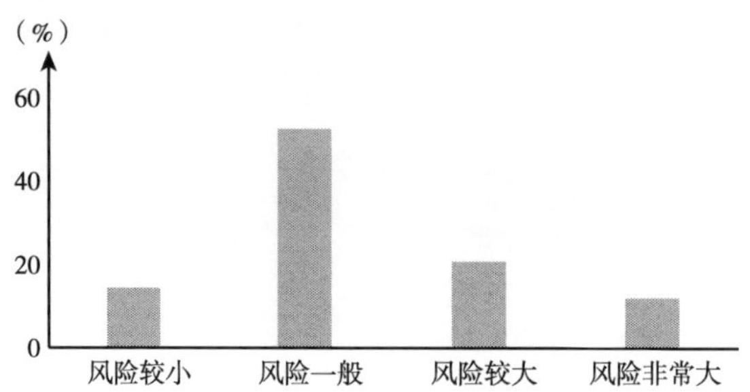

图9－7　中国家禽养殖户疫情风险认知情况

数据来源：根据调研问卷数据整理。

（五）养殖户外部环境认知情况

从表9－6可以看出，中国家禽养殖户申请技术服务较不方便占比最高，为46.7%；其次为一般，占比30.2%；较方便占比15.7%；非常不方便占比4.9%；非常方便占比最少，为2.5%。整体来看，中国大部分家禽养殖户申请技术服务便利性有待提升，申请技术服务不方便很容易降低养殖户的防控积极性，十分不利于采取防控措施。

表9－6　中国家禽养殖户申请技术服务便利性　单位：%

申请技术服务便利性	百分比
非常不方便	4.90
较不方便	46.70
一般	30.20
较方便	15.70
非常方便	2.50

数据来源：根据调研问卷数据整理。

从图 9－8 可以看出，中国家禽养殖户获取政府损失补贴金额在 500～1500 元区间的占比最高，为 43.4%；其次为 1500～3000 元，占比 40.3%，两者损失补贴金额之和达到 83.7%；政府补贴金额在 500 元以下占比 12.3%；在 3000 元以上占比最少，为 4%。由此可知，中国大部分家禽养殖户获取损失补贴金额在 500～3000 元之间，很大程度上不能弥补养殖户的损失，大大降低了养殖户防控的积极性。

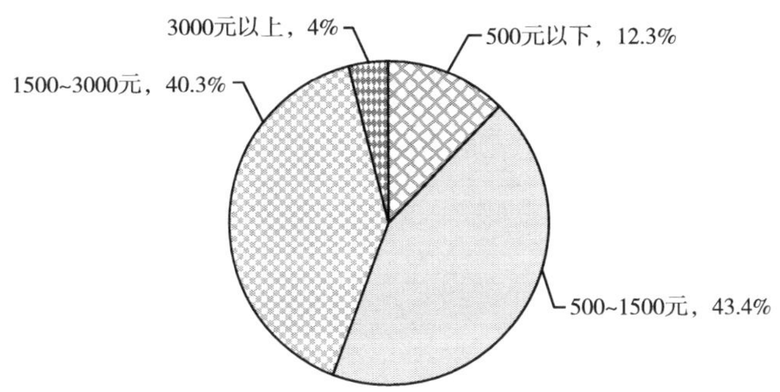

图 9－8　中国家禽养殖户获得的损失补贴金额

数据来源：根据调研问卷数据整理。

（六）养殖户政策执行情况

从图 9－9 可以看出，中国政策执行一般的家禽养殖户占比最高，为 53.2%；其次为执行较好，占比 27.7%；执行较差占比 10.8%；执行很好占比最少，为 8.3%。整体来看，中国家禽养殖户政策执行水平有待提高，许多家禽养殖户并不愿意执行相关防控政策，主要是因为执行政策耗费时间长、资金多，还有一定的养殖户接受政府信息难，不了解相关政策，防控政策执行较难。

三、模型分析

（一）变量定义

模型的因变量为家禽养殖户是否采取防控行为，量化为“是”和

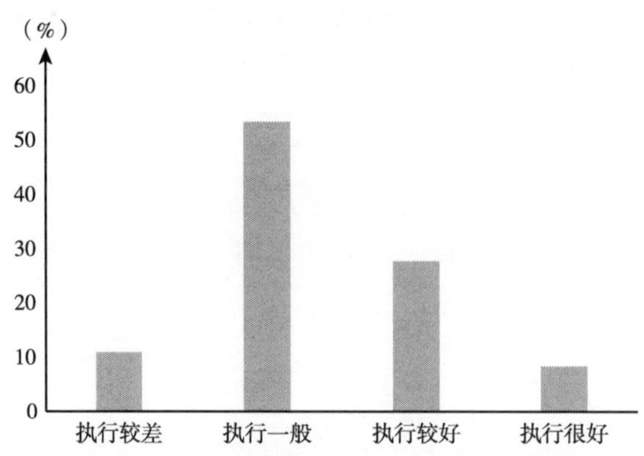

图 9-9　中国家禽养殖户政策执行情况

数据来源：根据调研问卷数据整理。

“否”两个等级。自变量包括个体特征、养殖特征、疫情认知、外部环境认知、政策执行五大类，个体特征由年龄、学历、家庭年均增收入、养殖收入占比组成；养殖特征由养殖年限、养殖规模、平均每只家禽防疫资金投入、是否购买养殖保险、禽苗产地、是否有兽医指导、是否制订免疫计划组成；疫情认知由疫情经历次数、防控知识了解程度、防控措施效果、疫情风险认知程度构成；外部环境认知由申请技术服务便利性、政府损失补贴构成；政策执行由防控政策执行情况构成（见表 9-7）。

表 9-7　变量定义

变量类型	变量种类	变量名称	变量说明
因变量	防疫行为	防控行为	0 = 否，1 = 是
自变量	个体特征	年龄	1 = 25 岁以下，2 = 25 ~ 35 岁，3 = 35 ~ 45 岁，4 = 45 岁以上
		学历	1 = 小学及以下，2 = 初中，3 = 高中，4 = 大专及以上
		家庭年均总收入	1 = 5000 元及以下，2 = 5001 ~ 15000 元，3 = 15001 ~ 25000 元，4 = 25001 ~ 50000 元，5 = 50000 元以上
		养殖收入占比	1 = 30% 以下，2 = 30% ~ 50%，3 = 50% ~ 70%，4 = 70% 以上

续表

变量类型	变量种类	变量名称	变量说明
自变量	养殖特征	养殖年限	1=5年及以下，2=5~10年，3=10~15年，4=15年以上
		养殖规模	1=1000只以下，2=1000~3000只，3=3000~5000只，4=5000只以上
		平均每只家禽防疫资金投入	连续变量
		养殖保险	0=否，1=是
		禽苗产地	1=国内，2=国外
		兽医指导	0=否，1=是
		免疫计划	0=否，1=是
	疫情认知	疫情经历次数	1=没经历过，2=经历过1次，3=经历过2次，4=经历过3次及以上
		防控知识了解程度	1=完全不了解，2=了解不多，3=一般，4=了解较多，5=非常了解
		防控措施效果	1=效果差，2=效果一般，3=效果较好，4=效果非常好
		疫情风险	1=风险较小，2=风险一般，3=风险较大，4=风险非常大
	外部环境认知	申请技术服务便利性	1=非常不方便，2=较不方便，3=一般，4=较方便，5=非常方便
		损失补贴	1=500元以下，2=500~1500元，3=1500~3000元，4=3000元以上
	政策执行	防控政策执行	1=执行较差，2=执行一般，3=执行较好，4=执行非常好

数据来源：根据调研问卷整理。

（二）模型建立

因为因变量被量化为是、否两个等级，所以为分析养殖户是否采取防控行为与影响因素之间的关系，建立二元 logistic 回归模型进行分析。第 i 个事件发生的概率用 p_i 表示，没有发生的概率用 $1-p_i$ 表示，所以 $p_i/(1-$

p_i)表示事件发生的概率比，将其取对数变化，得：

$$\ln\left(\frac{p_i}{1-p_i}\right)=\alpha+\beta_1 x_1+\beta_2 x_2+\cdots+\beta_i x_i$$

经过检验，该模型的 sig 值为 0.000，当显著性水平为 0.05 时，sig 值小于显著水平，说明拒绝回归方程显著性为零的假设，即因变量与自变量之间的关系是显著的，模型可以建立（见表 9－8）。

表 9－8　模型系数综合检验

		Chi－square	df	sig
Step 1	Step	88.743	18	0.000
	Block	88.743	18	0.000
	Model	88.743	18	0.000

数据来源：模型分析。

该模型预测总正确率高达 93.8%，远远高于 50%，说明模型稳定性和正确率很高，可以建立（见表 9－9）。

表 9－9　分类

观察值			预测值		
			防控行为		正确率
			否	是	
Step 1	防控行为	否	17	16	51.5
		是	4	288	98.6
	总百分比				93.8
a. The cut value is. 500					

数据来源：模型分析。

由表 9－10 可知，在 10% 的显著性水平下，自变量中平均每只家禽防疫资金投入、免疫计划、疫情风险和损失补贴对因变量影响显著。年龄、学历、家庭年均总收入、养殖收入占比、养殖年限、养殖规模、养殖保险、兽医指导、禽苗产地、疫情经历次数、防控知识了解程度、防控措施效果、申请技术服务便利性和防控政策执行对因变量影响不显著，其统计学意义不强。

通过平均每只家禽防疫资金投入估计值为0.035可知，平均每只家禽防疫资金投入高低与养殖户是否采取防控行为呈正相关关系，即平均每只家禽防疫资金投入越高，养殖户越会采取防控行为，反之越不采取防控行为。通过平均每只家禽防疫资金投入优势比为1.023可知，养殖户平均每只家禽防疫资金投入每增加1个单位，采取防控行为的概率增加1.023倍，说明投入防疫资金越高的家禽养殖户越重视家禽的疫情防控，会进一步采取防控行为降低家禽感染禽流感的风险。

通过免疫计划估计值为1.205可知，是否制订免疫计划与养殖户是否采取防控行为呈正相关关系，即制订免疫计划的养殖户会采取防控行为，反之不采取防控行为。通过免疫计划优势比为3.215可知，制订免疫计划的养殖户采取防控行为的可能是没有制订免疫计划的养殖户采取防控行为的3.215倍，说明制订具体免疫计划的养殖户在潜意识认同采取防控行为，会按照计划执行疫苗注射、禽舍消毒、扑杀等防控行为，大大提升防控能力和经济效益。

通过疫情风险估计值为1.425可知，疫情风险认知与养殖户是否采取防控行为呈正相关关系，即认为疫情风险越大的养殖户越会采取防控行为，反之越不采取防控行为。通过疫情风险优势比为4.157可知，认为疫情风险大的养殖户采取防控行为的可能是认为疫情风险小的养殖户采取防控行为的4.157倍，说明禽流感疫情风险大的认知程度越高，养殖户预期损失程度越高，为了避免家禽受到疫情的侵袭，养殖户会采取防控行为。

通过损失补贴估计值为1.014可知，损失补贴与养殖户是否采取防控行为呈正相关关系，即养殖户获得的损失补贴金额越高越会采取防控行为，反之越不采取防控行为。通过损失补贴优势比为2.756可知，获得政府损失补贴越高的养殖户采取防控行为的可能是获得政府损失补贴较低的养殖户的2.756倍。说明政府损失补贴金额越高，越能弥补养殖户因疫情造成的经济损失，可以提高养殖户对政府损害补偿工作的信心，促进养殖户配合政府采取防控行为。

表 9－10　　因变量为防控行为的回归结果

		B	S. E.	Wald	df	sig.	Exp（B）
Step 1a	年龄	－0.243	0.342	0.507	1	0.477	0.784
	学历	－0.586	0.37	2.507	1	0.113	0.556
	家庭年均总收入	0.078	0.269	0.083	1	0.773	1.081
	养殖收入占比	－0.282	0.28	1.019	1	0.313	0.754
	养殖年限	0.086	0.359	0.057	1	0.811	1.089
	养殖规模	0.51	0.409	1.56	1	0.212	1.666
	平均每只家禽防疫资金投入	0.035	0.02	2.991	1	0.084	1.023
	养殖保险	0.04	0.575	0.005	1	0.945	1.041
	禽苗产地	17.536	17201.236	0	1	0.999	4.13E＋07
	兽医指导	0.103	0.559	0.034	1	0.854	1.108
	免疫计划	1.205	0.578	4.346	1	0.037	3.215
	疫情经历次数	0.543	0.433	1.577	1	0.209	1.722
	防控知识了解程度	0.071	0.348	0.042	1	0.837	1.074
	防控措施效果	0.32	0.414	0.597	1	0.44	1.377
	疫情风险	1.425	0.374	14.506	1	0	4.157
	申请技术服务便利性	0.201	0.357	0.315	1	0.575	1.222
	损失补贴	1.014	0.404	6.309	1	0.012	2.756
	防控政策执行	0.409	0.376	1.182	1	0.277	1.505
	Constant	－20.697	17201.236	0	1	0.999	0

数据来源：模型分析。

四、养殖户防控问题

（一）投入资金匮乏

中国大部分养殖户在疫情防控方面投入的资金较少，造成防疫工具老旧、防疫技术更新较慢、疫情控制手段较少。养殖户运用现有工具和技术不能有效筛查出疫病病毒，进而不能及时有效地处理和控制疫情的发生，最终导致疫情更加快速、广泛地传播，威胁社会的稳定，对养殖业造成巨大损害。

（二）免疫计划制订不完备

许多养殖户没有制订完善的免疫计划，对免疫措施缺乏统一的管理。部分养殖户不重视消毒和清洁工作，没有形成消毒的制度性和常规性，很少对动物运输工具、圈舍外环境、人员等进行定期消毒，容易滋生细菌病毒，这在一定程度上会提升疫情传播风险。养殖户在疫苗的购买渠道和生产批号、免疫时间、免疫剂量等方面没有制定统一的标准，很容易出现疫苗注射频率和剂量不准确、疫苗质量不合格、疫苗保存不当等问题，免疫效果很难得到保障。

（三）疫情风险认知薄弱

许多养殖户对动物疫病风险认知不深刻，只停留在表面，一小部分养殖户完全不了解。在不了解动物疫病风险的前提下，养殖户很容易放松警惕，对疫病防控的认知停留在被动配合政府工作上，很少主动检查和采取防控措施，同时，养殖户会怀疑主动采取防控措施的必要性，因为防控措施的实施需要耗费大量的时间和金钱，对于疫情风险认知的不确定会削弱养殖户防控的积极性。

（四）损失补贴较少

当动物疫病发生后，养殖户要承担直接经济损失和间接经济损失，但是，大部分养殖户获得的政府损失补贴金额较少，甚至不能弥补因为疫情所造成的直接经济损失，还要额外投入相对较多的资金实施病畜的扑杀处理、基础设施的完善、畜苗的购买等后续处理措施。同时，养殖户缺乏风险转移能力，疫情暴发后承担损失的主要是养殖户自己，政府补贴所提供的帮助微乎其微，导致养殖户对政府补偿工作的信心下降，进行动物疫病防控的积极性也进一步下降。

五、小结

通过调查问卷统计分析可知，中国家禽养殖户疫苗注射周期长、禽舍清扫频率低、配合扑杀程度高。大部分养殖户年龄偏大、学历较低、年均总收入在25001～50000元，养殖收入占总收入比重较高。同时，中国养殖户养殖年限偏短、养殖规模较小、养殖种类多样，但平均每只家禽防疫资金投入差别较大。大部分养殖户对防控知识了解程度较低，但认可采取防控措施的效果较好，普遍认为禽流感疫情风险一般，中国家禽养殖户申请技术服务较不方便，获得的政府损失补贴较少，政策执行情况很一般，所以大大降低了养殖户防控的积极性。

通过模型分析可知，中国家禽养殖户防控行为的主要影响因素为平均每只家禽防疫资金投入、免疫计划、疫情风险和损失补贴。平均每只家禽防疫资金投入、免疫计划、疫情风险和损失补贴这4个自变量都与因变量呈正相关关系，即平均每只家禽防疫资金投入越高、制订免疫计划、认为疫情风险越大、损失补贴越多，养殖户越会采取防控行为。

通过描述和模型分析，得出中国家禽养殖户防控存在的主要问题，共包括4个方面，分别为：投入防疫资金匮乏、免疫计划制订不完备、疫情风险认知薄弱和损失补贴较少。

第三节　中国重大动物疫病公共风险社会公众决策行为分析

重大动物疫病公共风险，尤其是在近期人兽共患病种类不断多样与形势更加复杂的背景下，畜禽养殖业面临极大的威胁。但因动物疫病风险暴发的因素存在多维度性，加大了重大动物疫病公共风险防控的困难程度，疫病风险的产生、扩散与蔓延在围绕养殖户为主向外部扩散，社会公众、媒体与政府具备不可替代的作用。对于突发性公共卫生事件的重大动物疫病，不同领域中养殖户、社会公众、媒体以及政府的风险认知与决策行为要互相联系，也就是说面对突发动物疫病各利益群体要相互作用，从而共同将动物疫病风险危害降到最低，在此过程中社会公众作为被动状态。本节着重从社会公众主体出发搜集数据，进而对4个利益群体进行详细分析，厘清其作用机制，为中国重大动物疫病公共风险利益主体防疫研究提供一定参考。

一、数据来源与样本特征

（一）数据来源

考虑到中国社会公众群体过于庞大，因此采取网上调研的方式对社会群体的重大动物疫病的风险认知进行调查。调研时间确定于2019年4～5月，随机发布调研问卷进行填写并收回。截至5月底，调查共收回问卷419份，剔除错答、漏答或没有完整填写研究关键问题的问卷，最后获得有效问卷样本415份。

（二）样本描述

1. 被调查者的基本特征信息

从表9－11调查样本中可以发现，男性样本为191位，占总调查样本的46.0%；女性样本224位，占总调查样本的54.0%。在调查样本的年龄分布上，20～40岁年龄段居多，占总调查样本的76.9%；其次是40～60岁年龄段，占总调查样本的19.5%；20岁及以下年龄段的人数最少。调查样本中文化程度分布上，本科及以上人数最多，为243位；其次是大、中专，为83位；然后是高中，为34位；小学及以下人数最少，为5位。在工作性质中，企业单位工作者最多，占总调查样本的29.9%；其次是打工者，占总调查样本的25.5%；然后依次是个体经营者13.7%、在校学生10.8%、农业工作者（务农）8.7%、院校教师4.6%以及政府部门4.1%。

从年家庭收入状况来看，9 万元以上调查样本居多，有 167 份，占总调查样本的40.2%；其次是6 万~9 万元，有113 份，占总调查样本的27.2%；4.2 万~6 万元以及4.2 万元以下两个年收入阶段相对较少，分别占总调查样本的23.4%和9.2%。

表 9－11　调查样本基本特征

统计指标	分类指标	样本数（位）	比例（%）
性别	男	191	46.0
	女	224	54.0
年龄	20 岁及以下	11	2.7
	20~40 岁	319	76.9
	40~60 岁	81	19.5
	60 岁及以上	4	0.1
文化程度	小学及以下	5	1.2
	初中	50	12.0
	高中	34	8.2
	大、中专	83	20.0
	本科及以上	243	58.6
工作性质	政府部门	17	4.1
	企业单位	124	29.9
	院校教师	19	4.6
	在校学生	45	10.8
	个体经营	57	13.7
	务农	36	8.7
	医生（包括兽医）	11	2.7
	打工	69	25.5
年收入	4.2 万元以下	38	9.2
	4.2 万~6 万元	97	23.4
	6 万~9 万元	113	27.2
	9 万元以上	167	40.2

数据来源：根据调研数据所得。

2. 被调查者对重大动物疫病的风险认知情况

社会公众对重大动物疫病的了解程度是根据公众对疫情种类的认识与疫情传播途径两项内容进行调查。从表 9 – 12 可以看出，社会公众对重大动物疫病的识别程度较好，公众对高致病性禽流感、口蹄疫、狂犬病、Q 热、炭疽等人兽共患病较为了解，其中高致病性禽流感认知公众最多，占总调查样本的 93.5%；其次是狂犬病，占总调查样本的 80.5%；认知最少的是 Q 热，占总调查样本的 3.6%。从重大动物疫病传播途径中，社会公众对空气飞沫传播方式认知程度高，其次是接触传播、体液传播和食物传播，最少的是虫媒传播。

表 9 – 12 被调查者对重大动物疫病认知情况

统计指标	分类指标	样本数（个）	比例（%）
重大动物疫病种类	非洲猪瘟	218	52.5
	口蹄疫	212	51.1
	高致病性禽流感	388	93.5
	炭疽	66	15.9
	大肠杆菌	140	33.7
	Q 热	15	3.6
	狂犬病	334	80.5
重大动物疫病传播途径	空气飞沫传播	324	78.1
	接触传播	285	68.7
	虫媒传播	207	49.9
	体液传播（唾液等）	292	70.4
	食物传播	259	62.4

数据来源：根据调研数据所得。

二、风险认知与规避行为

（一）社会公众对畜禽产品安全的风险认知

1. 公众对畜禽产品安全状况调查

畜禽产品对风险认知的判定中，以问卷中“您认为以下肉类安全状况”来判断被调查者对畜禽产品风险认知的水平。调查样本中，存在37.62%的公众认为目前市场上流通的猪肉比较安全，有52.3%的公众认为羊肉比较安全，50.2%的公众认为市场上的牛肉比较安全，有31.5%的公众认为鸡肉比较安全；有36.8%的社会公众认为猪肉不太安全，35.4%认为羊肉不安全，33.5%认为牛肉不安全，43.8%认为鸡肉不安全。由此可以说明，社会公众对畜禽产品安全的风险认知水平较高，大多数公众认为市场流通的畜禽产品比较安全。

通过“您认为当前畜禽产品安全问题主要产生在哪些环节”来判断社会公众对畜禽产品质量风险来源的认知（见图9－10）。根据调查结果显示，85.1%的社会公众认为在饲养环节；其次有66.2%的公众认为在加工环节；57.9%的公众认为在屠宰环节；42.7%的公众认为在销售环节。

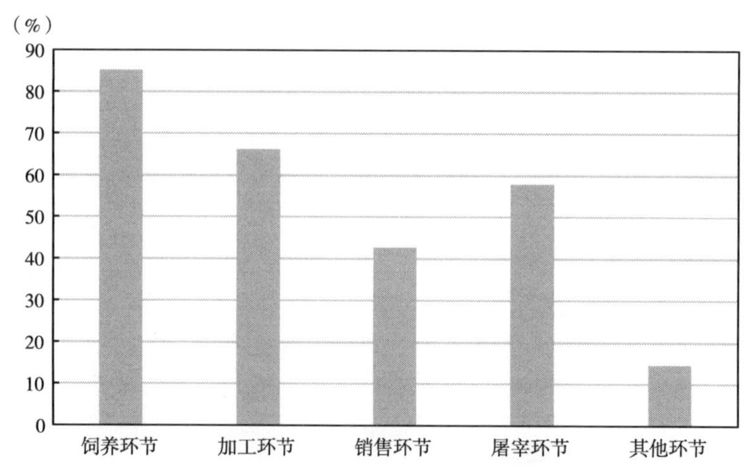

图9－10　社会公众对畜禽产品安全风险来源认知

数据来源：根据调研数据所得。

2. 公众对重大动物疫病风险认识

从表9－12可以看出，被调查者对禽流感、狂犬病、口蹄疫以及非洲猪瘟的了解较多，分别占调查总人数的93.5%、80.5%、51.1%和52.5%，其中前三种属于人兽共患病致病率高，前两者对人民身体健康的影响程度最高，主要原因在于传染性强与致死率高。非洲猪瘟是2018年在中国首次发现，并引起了畜牧养殖业市场调整，中小型养殖场逐渐退出市场，猪肉价格攀升，进而引起鸡肉、鸡蛋、牛羊肉的价格均大幅上涨。

重大动物疫病风险的防治主要从两方面着手，关键在预防，管理为辅助。因此，社会公众需要了解重大动物疫病风险的传播途径，从根源预防疫情的发生。从调查问卷中发现，社会公众知道最多的传播方式为空气飞沫传播，如禽流感，占总调查人数的78.1%；其次是唾液传播，如狂犬病，占比为70.4%；然后是接触传播，如炭疽、口蹄疫等，占比为68.7%；还有食物传播方式，如大肠杆菌，占比为62.9%。虫媒传播公众了解得较少，如Q热等，占总调查者的49.9%。

重大动物疫病发生时，社会公众对风险认知是多维度的，因此在对公众风险认知的测算中需要从几个维度出发，即健康维度、金钱维度、社会维度、性能维度与心理维度5个维度。从表9－13中可以看出，不同的维度对公众风险认知的影响较大。但疫情发生时，公众对健康维度中“造成身体长久危害”“家人生病”的风险认知最强，对“难辨肉质的安全性”以及“减少肉质购买”的心理和金钱维度损失风险的认识较强；而“根据自身经验和查阅相关资料去检验畜禽肉质”的性能维度损失在公众的风险认知中最弱。

表9－13　重大动物疫病发生时社会公众对畜禽产品的风险认知

指标	样本量	最小值	最大值	平均值	标准差
对身体长久危害	415	1	4	1.472	0.694
导致家人生病	415	1	4	1.446	0.733
看重亲友态度	415	1	5	2.241	1.119
难辨肉质安全性	415	1	5	1.727	0.854
减少畜禽肉类购买	415	1	5	1.723	0.830
关注周边群众行为	415	1	5	1.966	0.892
根据经验检验肉质	415	1	5	2.280	1.094
查阅资料判断肉质	415	1	5	2.277	1.039

数据来源：根据调研数据所得。

（二）社会公众对畜禽产品的风险规避行为

风险规避行为是从社会公众搜集疫情相关信息来减少消费行为决策中的未知性，或根据减少安全期望，降低消费行为频率，这是降低畜禽产品安全风险的两种策略。在发生动物疫病时，哪种信息能够有效降低社会公众的消费行为，如何影响社会公众的消费行为，从表 9 - 14 中可以研究得到。当重大动物疫病出现时，社会公众会不断增加对疫情信息的搜索，用减少畜禽产品的购买来降低风险。购买正规品牌的畜禽肉类是社会公众规避风险的最多选择，到正规场所购买肉类和增加烹饪的安全性紧随其后。由于市场信息的多样和购买人群的影响，公众在规避动物疫病风险时对大型超市的肉质产生怀疑。从购买畜禽产品的地点来看，降低风险认知的重要性由高到低分别为：正规地点、熟悉肉店和大型超市。

表 9 - 14　　社会公众对畜禽产品安全风险规避行为

指标	样本量	最小值	最大值	平均值	标准差
购买质量认证肉类	415	1	5	1.781	0.803
到正规场所购买肉类	415	1	5	1.655	0.834
到熟悉肉店购买	415	1	5	2.383	1.003
到大型超市购买	415	1	5	2.617	0.935
增加烹饪的安全性	415	1	5	1.696	0.777
购买正规品牌肉类	415	1	5	1.566	0.758

数据来源：模型分析。

非典型肺炎、禽流感、非洲猪瘟以及鼠疫等重大动物疫病的迅速扩散，给社会公众心理留下不可磨灭的阴影。公众对畜禽产品质量安全风险意识的提升，也影响着畜禽市场结构的调整。某地发生重大动物疫病时，社会公众对疫情信息来源渠道的关注程度，成为降低社会公众恐慌的重要因素，同时也有助于公众采取正确的措施降低疫情带来的损失，增加公众安全感。从表 9 - 15 中可以看出，大多数公众时刻关注网络平台的信息推送。这也很容易解释，网络信息时效性强、扩散范围大、面向的人群广。

对电视新闻的关注度也普遍较高，主要由于该渠道方便、准时。随着互联网的广泛应用，极少数青年和中年群体会选择从书籍、报刊中获取有用信息。因此，从信息渠道的层面降低风险认知的重要性从高到低依次为：网络推送、电视新闻、政府部门、亲朋好友、知名专家以及书籍、报刊。

表 9－15　　社会公众对动物疫病信息渠道的关注情况

指标	样本量	最小值	最大值	平均值	标准差
电视新闻	415	1	5	1.918	0.833
网络推送	415	1	5	1.663	0.686
书籍、报刊	415	1	5	2.759	1.070
知名专家	415	1	5	2.345	1.009
政府部门	415	1	5	2.012	0.880
亲朋好友	415	1	5	2.080	0.832

三、重大动物疫病风险认知与风险规避行为决策分析

（一）重大动物疫病畜禽产品质量安全与风险认知的实证分析

1. 计量模型构建

构建重大动物疫病信息对社会公众风险认知的计量模型。使用李克特五点量方法通过问卷设计，了解社会公众对风险认知的情况。例如，“您是否担心疫情导致畜禽产品不安全，对身体产生长期危害”，分为“肯定担心”“担心”“不明显”“不担心”和“肯定不担心”，因此确定为非连续有序变量，采用多元有序 Logistic 模型进行研究。对风险认知 y 的变量的取值方式为：“肯定不担心” =1，“不担心” =2，“不明显” =3，“担心” =4，“肯定担心” =5。得到的模型形式为：

$$\ln \frac{P(y \leqslant j)}{1 - P(y \leqslant j)} = \alpha_j + \sum_{i=1}^{k} \beta_i x_i \tag{9.1}$$

将模型转变为：

$$P(y \leqslant j | x_i) = \frac{exp(\alpha_j + \sum_{i=1}^{k} \beta_i x_i)}{[1 + exp(\alpha_j + \sum_{i=1}^{k} \beta_i x_i)]} \quad (9.2)$$

其中，P 表示概率，x_i表示存在 k 个影响社会公众风险认知的自变量，即电视新闻报道内容（x_1）、网络疫情信息转载内容（x_2）、书籍和报刊等报道疫情（x_3）、动物疫病领域专家发布信息（x_4）、政府控制疫情效果（x_5）、亲戚朋友口口相传的疫情信息（x_6）、根据自身经验判断疫情（x_7）；α_j表示截距参数；β_i表示回归系数。

2. 模型结果分析

通过 Eviews 8.0 对 415 个调查样本进行多元 Logistic 回归模型分析，模型计算结果如表 9－16 所示，且分析如下：

表 9－16　模型计算结果

解释变量	B	Std. Error	z－Statistic.	Prob.
X_1：电视新闻报道内容	－0.242*	0.130	－1.607	0.046
X_2：网络疫情信息转载内容	－0.206**	0.083	－2.136	0.031
X_3：书籍和报刊等报道疫情	－0.205	0.147	－1.158	0.203
X_4：动物疫病领域专家发布信息	－0.027**	0.119	－2.371	0.035
X_5：政府控制疫情效果	－0.234***	0.109	－3.005	0.008
X_6：从亲戚朋友相传的疫情信息	0.314	0.172	1.253	0.234
X_7：根据自身经验判断疫情	0.523	0.163	1.212	0.253
截距 1	－2.612	0.427	－4.559	0.000
截距 2	－0.761	0.531	－1.201	0.114
截距 3	－0.509	0.409	－0.875	0.478
截距 4	2.067	0.426	4.716	0.000
最大似然比	46.768***			
Pseudo R－squared	0.15679			

注：*、**、*** 分别通过 10%、5%、1% 的显著性检验。

（1）重大动物疫病发生时，电视新闻对疫情信息的回归系数为－0.242，在 10% 的显著水平上，解释为社会公众在面对重大动物疫病时，对电视新闻报告的专注度越高，对社会公众降低疫情风险认知越有益。

（2）重大动物疫病发生时，网络疫情信息的转载内容的回归系数为 -0.206，在5%的显著性水平上，解释为社会公众对网络信息转载的内容，因此加强积极的疫情信息的转载，有助于降低公众的风险认知。

（3）重大动物疫病发生时，书籍和报刊对疫情信息报道的回归系数为0.205，没有通过显著性检验。由于网络时代的不断进步，书籍和报刊对现代中、青年群体的影响力降低，所以书籍和报刊等纸质化材料有可能降低公众对疫情的风险认知，但并不显著。

（4）重大动物疫病发生时，专家对动物疫病信息防治的回归系数为 -0.127，且在5%的显著性水平上，解释为社会公众对专家信息的信赖程度能够较大程度地降低社会公众的风险认知。

（5）重大动物疫病发生时，政府对疫情效果反馈的回归系数为 -0.234，在1%的显著性水平上，解释为政府对社会公众宣传防治信息，能有效降低社会公众的风险认知。

（6）重大动物疫病发生时，社会公众在群体中通过亲戚和朋友相互转告的回归系数为0.314，没有通过显著性检验，说明社会公众对亲戚朋友相互转告的信息还是存在不确定性，不能对理性消费行为产生影响，会导致社会公众的风险认知水平提升，但是其可能性不显著。

（7）重大动物疫病发生时，社会公众通过自身经验判断疫情能力的回归系数为0.523，没有通过显著性检验，解释为社会公众对疫情的信息的了解有限，不能全面掌握疫情，因此通过自身经验可增加社会公众风险认知，但是效果并不明显。

（二）重大动物疫病个体特征与决策行为的实证研究

由经济学相关理论可知，社会公众的风险认知与感知能力会影响公众的决策行为。通过关于社会公众对产品消费决策行为的研究发现，风险认知对社会公众的购买行为存在负相关性，也就是说风险认知水平越高的人群的购买决策行为越低。他们会根据认知水平主观评价风险水平，若风险水平超出预计承受水平，该群体将改变决策行为直至风险水平处于可接受范围内为止。

1. 计量模型构建

通过计量模型的运用，分析社会公众个体特征和风险认知水平对风险规避决策行为的影响，再对影响因素对社会公众的影响程度和显著性进行计算；然后根据社会公众的年龄、性别、受教育程度、收入、畜禽产品销售量以及畜禽产品质量安全情况进行检验；畜禽产品的风险认知情况的测量沿用“您是否担心疫情导致畜禽产品不安全，对身体产生长期危害”命题来进行评估。

在重大动物疫病发生时，社会公众对畜禽产品的决策的积极或消极态度直接影响着社会的稳定和经济的发展。调研过程中通过问卷中“疫情发生时，您是否会去查阅相关资料，进而判断肉质可食用性”命题进行评估，来考察社会公众对畜禽产品积极的决策行为。在问卷设计中用李克特五点量表的方式，即用“肯定会”“会”“不明显”“不会”“肯定不会”5 个级别，对应 1、2、3、4、5 个数值。由此可推断出影响社会公众决策行为的因素是非连续有序变量，因此用多元有序 Logistic 模型为：

$$\ln \frac{P(z \leqslant m)}{1 - P(z \leqslant m)} = \phi_m + \sum_{n=1}^{k} \gamma_n t_n$$

其中，P 表示概率，t_n 表示 k 个影响决策的变量因素，主要有年龄（t_1）、性别（t_2）、受教育程度（t_3）、收入（t_4）、消费畜禽产品情况（t_5）、对市场畜禽产品质量水平情况（t_6）以及疫情发生时社会公众对畜禽产品的风险认知情况（t_7）；z 则表示社会公众的行为决策，结合李克特五点量表用 $z=1$ 表示“肯定不会”，$z=2$ 为“不会”，$z=3$ 为“不明显”，$z=4$ 为“会”，$z=5$ 为“肯定会”；ϕ_m 是模型的截距；γ_n 是模型的回归系数。估计结果见表 9－17。

表 9-17　多元有序回归模型估计结果

解释变量	B	Std. Error	z - Statistic.	Prob.
t_1：年龄	-0.002	0.179	-0.027	0.746
t_2：性别	0.053	0.022	1.216	0.310
t_3：受教育程度	0.265**	0.086	2.238	0.024
t_4：收入	-0.087	0.091	-0.351	0.635
t_5：消费畜禽产品情况	-0.067	0.000	-0.715	0.248
t_6：对市场畜禽产品质量水平情况	0.103**	0.077	2.516	0.014
t_7：对畜禽产品的风险认知情况	-0.383***	0.128	-3.782	0.003
截距 1	-0.512	0.998	-0.549	0.476
截距 2	1.302	0.972	1.532	0.213
截距 3	1.634	0.887	2.015	0.048
截距 4	4.036	0.896	4.102	0.000
最大似然比	37.763***			
Pseudo R - squared	0.17334			

注：***、**、*分别代表1%、5%和10%水平显著性检验。

2. 模型估计结果分析

通过 Eviews 8.0 对调研 415 个样本数据进行多元有序回归模型估算，模型结果分析如下：

（1）社会公共个体变量分析。

对于特征变量中的年龄（t_1）的回归系数为 -0.002，z 统计量为 -0.027；性别（t_2）的回归系数为 0.053，z 统计量为 1.216；收入（t_4）的回归系数为 -0.087，z 统计量为 -0.351；消费畜禽产品情况（t_5）的回归系数为 -0.067，z 统计量为 -0.715。从 z 统计量从统计量来看，以社会公众中年龄，性别、收入和消费畜禽产品四个特征变量没有通过显著性检验。因此得出结论为：社会公众的年龄、性别、收入和消费畜禽产品数量对社会公众的决策尤其是积极倾向的行为没有显著性影响。

受教育程度（t_3）的回归系数为 0.265，z 统计量为 2.238，在 5% 的显著性水平上通过检验。由此得出结论为：社会公众的受教育程度能够对公众消费决策行为产生正向积极影响，且影响程度比较显著。这与自身的层次、地位、知识储备以及背景有极大关系，也说明知识储备较多、层次较高的公众在购买畜禽产品时更加理性，而且能够准确合理地对畜禽产品存在风险进行评价，因此在重大动物疫病发生过程社会公众选择积极消费决策的概率较大。

对市场畜禽产品质量水平情况（t_6）的回归系数为0.103，z统计量为2.516，也在5%的显著性水平上显著。由此可以说明，社会公众对市场需求产品质量安全水平的评价对其决策行为具有明显的正向影响，且影响程度较为显著。因此中国畜禽市场应该着重从畜禽产品质量安全方面入手，增加社会公众对畜禽质量安全的信任，能够有效降低重大动物疫病发生时社会公众对畜禽产品的风险认知，增加社会公众的积极性决策行为。

（2）风险认知变量分析。

风险认知变量，即重大动物疫病发生时对畜禽产品的风险认知情况（t_7）的回归系数为-0.383，z统计量为-3.782，在1%的显著性水平上显著。得出结论为：在重大动物疫病发生时，社会公众对疫情的风险认知越高，在公众的消费决策行为中的正向影响性越低；重大动物疫病发生时，社会公众对畜禽产品的风险认知与理性消费决策行为两者存在反向相关关系。

第四节　中国重大动物疫病政府防控体系分析

一、政府防控体系基本情况

（一）机构设置环环相扣

中国重大动物疫病政府防控机构种类多样，包括全国性综合防控机构和各省（市）防控机构。全国性的综合防控机构主要包括国务院、农业农村部畜牧兽医局、中国动物疫病预防控制中心、中国兽医药品监察所和中国动物卫生与流行病学中心等。农业农村部畜牧兽医局负有总体管理职责，主要负责拟定兽医、兽药管理，兽医医疗器械行业的规划和法律政策，并且做好贯彻落实工作；中国动物疫病预防控制中心主要负责拟定法律法规、监督指导全国动物卫生工作、组织国家间交流、搜集分析全国重大动物疫病情况等；中国兽医药品监察所主要负责兽药管理检测、兽医器械质量等；中国动物卫生与流行病学中心主要负责动物流行病学调查、疫情诊断和监测、建立动物流行病学数据库、动物产品兽医卫生评估、收集国内外动物疫病信息等；各省（市）都设置相应的人民政府、动物疫病预防控制中心、动物卫生监督机构、兽医主管部门等防控机构，各省（市）人民政府对本省（市）重大动物疫病防控工作负总责，各省（市）的动物疫病预防控制中心是动物疫病防控的技术性支撑单位，动物卫生监督机构是动物疫病防控的行政执法单位，兽医主管部门是动物疫病防控的行政管理单位（见图 9 – 11）。

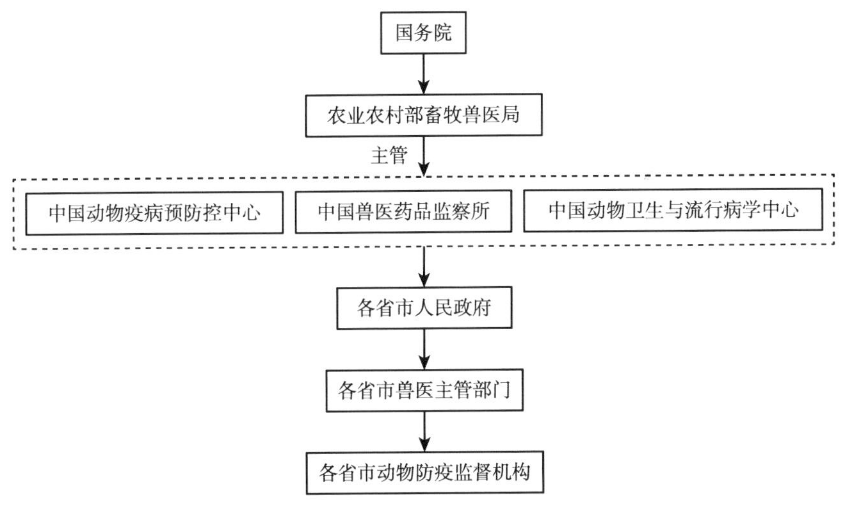

图 9 – 11　中国重大动物疫病防控机构设置

数据来源：作者根据资料整理。

国务院是全国动物疫病防控的最高管理机构，其授予农业农村部畜牧兽医局执行实际管理职责。农业农村部畜牧兽医局直接主管中国动物疫病预防控制中心、中国兽医药品监察所、中国动物卫生与流行病学中心，负有监督管理职责。全国动物疫病综合防控机构分级主管各省（市）防控机构，各省（市）人民政府主管各省（市）兽医主管部门，对兽医主管部门实施监督检查，兽医主管部门按照人民政府制定的规定进行动物疫病防控工作。各省（市）兽医主管部门管理各省（市）动物防疫监督机构，动物防疫监督机构按照兽医主管部门的要求制定畜牧兽医相关法规和建议，并且实施监督工作。

（二）工作人员数量仍有欠缺

近几年来，随着中国畜禽养殖规模和数量不断增加，从事动物疫病防控方面的人数也有所增加，但是相较于发达国家还是有较大的差距。据统计，每年中国动物医学类相关专业的毕业生约为3000人，大部分的毕业生选择从事其他行业，愿意留在乡镇兽医站、动物疫病防控中心等基层动物疫病防控机构的人员相对较少，同时专业兽医工作社会地位低但技术性较高，从而造成该领域人才缺口较大。

（三）基础设施不断完善

1. 推动无规定动物疫病示范区建设

在防控重大动物疫病的过程中，无论是对感染动物的隔离治疗还是易感动物预防接种，都需要大量的基础设施保障。近年来，中国各级政府不断加大药品、疫苗、设施设备和防护用品等方面的储备。自1998年以来，中国投入了大量资金加强动物防疫基础设施建设，在全国6个省（市）启动了无规定动物疫病示范区建设，建设区域围绕辽东半岛、海南岛、胶东半岛、四川盆地和吉林松辽平原，包含山东省、重庆市、辽宁省、吉林省、四川省、海南省的100多个县和2700多个乡（镇），实现了重大动物疫病区域化管理。目前，青海省海西州正在推进无规定动物疫病区建设步伐。

2. 配备充足的防控设备

中国部分兽医站配备摩托车、小汽车等交通设备，办公更加便利；重庆市、哈尔滨市、四川省、甘肃省等多个省（市）完善了动物防疫冷链设施建设，配备了试剂、疫苗、畜禽产品存储与运输必备的冷藏设施。其中，四川省达川市达川区在2015年对全区54个乡镇畜牧兽医站的冰箱、冰柜等冷链设备进行体检工作，并且维修了冰柜18个、冰箱13台，更换冰箱4台，同时根据工作需要为基层站添购冷藏箱300个，为动物防疫工作打下了坚实的基础。中国已经建成了400多个疫情测报站、200多个边境动物疫病测报站、90多个各种类型的进境动物隔离检疫场，检疫人员配备更加专业的工具箱和检疫设备，疫情监测防控相应设施设备保障能力显著增强。

3. 建设国家级实验室

近年来，中国建设动物疫病国家级实验室取得了显著的进步，建成了口蹄疫、禽流感等疫情的国家级参考实验室、国家级疫病诊断室、外来病跟踪检验实验室和农业农村部动物疫病重点开放实验室。各类实验室都配备了疫病诊断、检测等相应的配套设施。这些实验室建设主要的依托单位为哈尔滨兽医所、兰州兽医所、畜牧兽医所、上海兽医所、农业部动物检疫所、中国兽医药品监察所、中国农业大学和农业农村部热带亚热带动物病毒学重点开放实验室（见表9－18）。

表9－18　　　　中国重大动物疫病主要研究实验室

平台	实验室名称	依托单位
国家重点实验室	兽医生物技术国家重点实验室	哈尔滨兽医所
	家畜疫病病原生物学国家重点实验室	兰州兽医所
	病原微生物生物安全国家重点实验室	
农业农村部重点开放实验室	农业农村部畜禽遗传资源与运用重点开放实验室	畜牧兽医所
	农业农村部草食动物疫病重点开放实验室	兰州兽医所
	农业农村部动物流感重点开放实验室	哈尔滨兽医所
	农业农村部动物寄生虫学重点开放实验室	上海兽医所
	农业农村部兽医公共卫生重点开放实验室	哈尔滨兽医所 兰州兽医所

续表

平台	实验室名称	依托单位
中国农业科学院重点开放实验室	动物流感重点开放实验室	哈尔滨兽医所
	人兽共患病重点开放实验室	哈尔滨兽医所 兰州兽医所
	家畜疫病病原生物学重点开放实验室	兰州兽医所
	草食动物疫病重点开放实验室	兰州兽医所
	新兽药工程重点开放实验室	兰州兽医所
	动物寄生虫学重点开放实验室	上海兽医所
国家兽医参考实验室	国家禽流感参考实验室	哈尔滨兽医所
	国家新城疫参考实验室	中国动物卫生与流行病学中心
	国家猪瘟参考实验室	中国动物卫生与流行病学中心
	国家口蹄疫参考实验室	兰州兽医所
	国家牛海绵状脑病参考实验室	中国动物卫生与流行病学中心
	国家牛瘟参考实验室	中国兽医药品监察所
	国家牛传染性胸膜肺炎参考实验室	哈尔滨兽医所
国家级疫病诊断室外来病跟踪检验实验室	国家外来动物疫病诊断室	农业农村部热带亚热带动物病毒学重点开放实验室
	国家牛海绵状脑病检测实验室	中国农业大学

资料来源：作者根据资料整理。

（四）财政投入不断增加

1. 动物防疫补助经费金额增加

近年来，随着中国重大动物疫病危害风险越来越高，政府更加重视重大动物疫病防控工作，不断加大动物防疫财政资金投入，主要用于支持开展重大动物疫病各环节的工作。从图 9－12 中可以看出，中国动物防疫补助经费显著提高，从 2016 年 600552 万元增长到 2019 年 660602 万元，增加了 60050 万元。因为 2019 年动物防疫经费统计截至 4 月 20 日，所以 2019 年全年经费有很大潜力超过 2018 年。2018—2019 年动物防疫经费大幅提高主要是受非洲猪瘟疫情影响，财政部下拨了大量防疫经费控制疫情的蔓延，并且给予了相应的损失补贴。

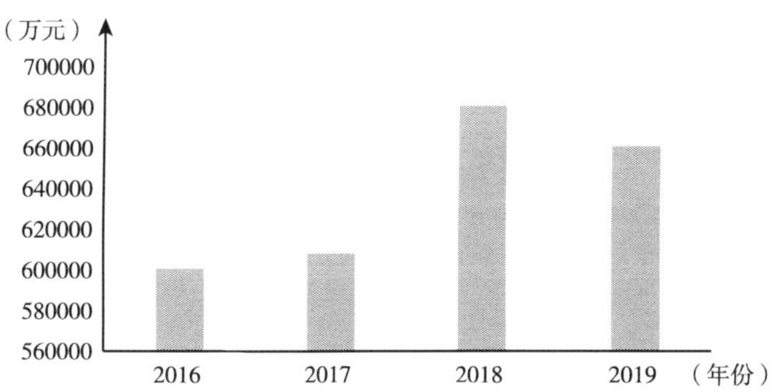

图 9－12 2016—2019 年中央财政动物防疫等补助经费

注：2019 年动物防疫补助经费为 4 月 20 日之前数据。

数据来源：财政部。

2. 动物防疫补助经费覆盖范围扩大

2018 年，中央财政动物防疫补助经费共覆盖 36 个地区，其中，四川省所分配的补助经费最高，为 79046 万元。河南、内蒙古、河北、湖南、新疆、云南、湖北补助金额都达到了 30000 万元以上，相对较高（见表 9－19），主要原因是新疆、内蒙古、云南都属于边境地区，跨境动物交易更加频繁，相邻国家动物疫病更易传入这三个地区；河南和河北是中国动物养殖大省，因为人多地少的原因，畜牧业养殖主要成点状分布，个体养殖户数量远大于承包养殖，防控技术水平较低，同时，养殖人员整体文化水平普遍偏低，动物疫病更易发生；湖南和湖北动物及其产品贸易十分频繁，动物养殖基数大，疫情发生概率较高。

表 9－19 2018 年中央财政动物防疫等补助经费分配情况 单位：万元

地区	总额	地区	总额
北京	3434	河南	55624
天津	3110	湖北	31612
河北	45234	湖南	36817
山西	10110	广东	4368
内蒙古	45481	深圳	38

续表

地区	总额	地区	总额
辽宁	13000	广西	25675
大连	2480	海南	4915
吉林	16933	重庆	20280
黑龙江	14108	四川	79046
上海	3125	贵州	13775
江苏	19622	云南	32975
浙江	11994	西藏	9750
宁波	1147	陕西	13262
安徽	24771	甘肃	19133
福建	16402	青海	13913
厦门	242	宁夏	7016
江西	22883	新疆	31006
山东	19964	新疆生产建设兵团	4881

数据来源：中华人民共和国财政部。

3. 动物防疫补贴标准不断完善

财政部对重大动物疫病给予的补贴支持包括强制免疫补助、强制扑杀补助和养殖环节无害化处理补助三个方面。在免疫补助方面，中国对东、中、西部地区免疫疫苗实施差别化强制免疫补助，对中、西部地区的补助金额较高。中央财政对强制免疫病种统一补助比例，并且根据不同省（市）的畜禽数量和疫苗补助标准来计算补助规模。各省（市）财政切实履行上级任务，根据疫苗实际需求数量和价格，结合中央财政的补助资金部署省级财政疫苗补助金，同时给予监测防护人员相应的补助，对实施强制免疫计划和免疫政策的组织予以补贴。对符合条件的养殖户强制免疫实行“先打后补”，由财政部进行直补，养殖户可自行选择免疫疫苗，地方财政部根据养殖户的畜禽总量、监测情况等发放补助资金。不符合条件的养殖户由政府集体采购免疫疫苗，进一步提高疫苗免疫效率和财政资金使用效率。

随着中国经济的发展，畜禽养殖成本和市场价格都有了一定的提高，国家强制扑杀标准进一步提升。中央财政对东、中、西部地区补助比例分别为 40%、60%、80%，对新疆生产建设兵团和直属垦区的补贴比重为 100%。不同省（市）可根据畜禽品种、重量等细化补助标准。自 2019 年 3 月起，非洲猪瘟纳入了强制扑杀补助范围，补助标准为 1200 元/头。中国其他动物强制扑杀给予的补助标准如表 9－20 所示。由标准可知，马的扑杀补助金额最高，禽类最少。

表 9－20　　中国动物强制扑杀补助

动物种类	扑杀补助金额
禽类	15 元/羽
猪	800 元/头
猪（非洲猪瘟）	1200 元/头
肉牛	3000 元/头
奶牛	6000 元/头
羊	500 元/只
马	12000 元/匹

数据来源：作者根据资料整理。

中国秉承补助处理者的原则，给予病死畜禽运输、无害化处理等环节的实施者一定的补贴，并且依据“大专项＋任务清单”的管理方式，分类别发放资金，各地区可结合当地实际情况统筹中央和地方分配资金以支持畜禽无害化处理。中国对养殖环节病死猪无害化处理补助按照因素法进行分配，中央财政根据各地区实际生猪饲养量、病死率和处理率来测算相应的无害化处理补贴经费。目前，中国无害化处理病死猪按照 80 元/头的标准给予补助。享受县级基本财力保障补助的县（市、区），由省级以上财政承担 70 元，所在地市、县两级财政承担 10 元；其他县（市、区）省级以上财政承担 50 元，所在地市、县两级财政承担 30 元。

二、政府防控体系支持系统

（一）兽医管理体制

兽医管理工作是保证社会公共卫生安全的重要组成部分，是促进经济全面可持续发展的基础工作。中国兽医管理体制层级化明显，重心在于行政管理的权力结构。目前，中国实行官方兽医和执业兽医相结合的新型兽医管理体制，整合社会兽医资源，推进兽医管理工作进行。

1. 兽医管理机构管理不统一

中国兽医行政管理机构共划分为中央、省、市、县四个层面，最高机关为农业农村部畜牧兽医局，是农业农村部直属机构。除农业农村部畜牧兽医局外，中国各省、市、县都设有兽医行政管理机构，不同地区的编制和设置并不统一。各个层面的兽医行政管理机构都接受双重领导，即既接受本级政府直接领导，也接受上级部门垂直指导。上级兽医部门主要负责下达规划任务，监督下级兽医部门工作执行情况；下级兽医部门主要负责执行工作计划，完成目标任务。中国县级以下兽医机构主要分布在乡镇，乡镇兽医机构负责工作分配，但是人、财、物等事权均由县级兽医机构管理，业务上也给予一定的帮助。

2. 兽医管理队伍专业性有待提升

中国新型兽医管理队伍主要包括四支，分别为官方兽医、执业兽医、乡村兽医和村级动物防疫员。官方兽医和执业兽医队伍的建设是中国兽医管理体制发展中的重点。官方兽医是被国家认可和授权、符合规定条件的兽医工作人员，由国家财政供养，可代表国家指导动物饲养，进行动物卫生监督；执业兽医是指通过国家职业兽医资格考试，从事兽医经营活动的人员；乡村兽医是在农村乡镇以盈利为目的从事动物诊疗的人员，并未取得兽医从业资格，乡村兽医素质和技术参差不齐，但仍是中国基层动物防疫工作的主力军；村级动物防疫员是动物防疫体系的基础，大部分村级防疫员来自乡村兽医，但普遍技术偏低、待遇相对较差。

据有关资料记载，在全国的兽医、动物疫病防治岗位中，官方兽医大约有 15 万人，执业兽医约为 10 万人，乡村兽医约有 27.7 万人，村级动物防疫员约有 64.5 万人，兽医队伍从业人员总数大约为 150 万人（见图 9－13）。整体来看，官方兽医和执业兽医人数相对较少，其需要的学历及资质较高，乡村兽医和村级动物防疫员人数较多，其入行门槛和技术性都较低，中国兽医从业人员专业水平参差不齐。随着社会的发展，中国兽医管理队伍学历水平越来越高、年龄趋向年轻化、女性比例显著增加。

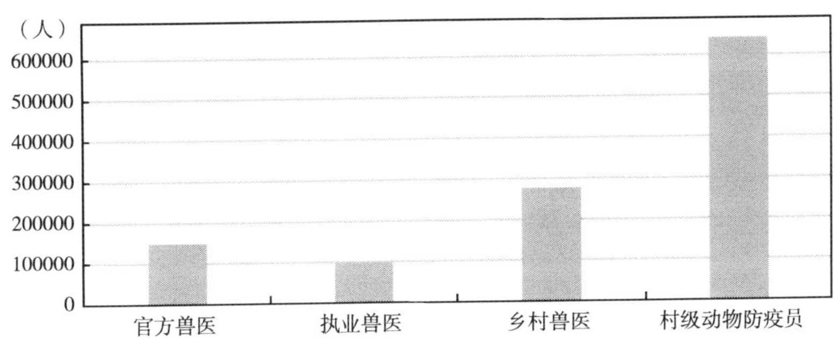

图 9－13 中国兽医从业人员数量

数据来源：作者根据资料整理。

3. 兽医管理政策逐渐完善

目前，中国兽医管理工作已经取得了初步的成效，兽医管理法律框架已经基本形成。1985 年，中国颁布了《家畜家禽防疫条例》，使得中国兽医工作有法可依，步入正轨，随后制定了许多相应的配套规章以支持政策实施。随着 1997 年《中华人民共和国动物防疫法》的颁布，《家畜家禽防疫条例》即行废止，其配套的规章也失去了法律效力。为了保障兽医执法工作的连续性，相继出台了全新的配套法规。2004 年国务院通过了《病原微生物实验室生物安全管理条例》和《兽药管理条例》，其中《兽药管理条例》更加明确地规定了兽药监督管理工作。中国还相继出台了《重大动物疫情应急条例》《畜禽标识和养殖档案管理办法》《国家兽医参考实验室管理办法》等多项规章制度，搭建起了中国兽医行政管理法律体系的大框架，形成了中国特色的兽医法制体系。

（二）动物疫病监测预警

中国动物疫病监测预警是动物疫病防控工作的基础，疫情监测体系由农业农村部畜牧兽医局、国家动物疫情测报中心、省级动物疫情测报中心、动物疫情测报站和边境动物疫情监测站组成，各个机构之间实行直接报告制度，形成了“国家—省—市—县—乡”五级动物疫情监测信息网络（见图 9－14）。中国实行国家监测与地方监测相结合、定点监测和全面监测相结合的监测方式，根据疫情形势的变化和技术的进步，不断改进监测工作机制，提高监测工作的质量，使疫情监测更加科学。为了提高中国动物疫情监测数据的信息化水平，全国大范围内应用了“动物疫病监测与疫情信息系统”，大幅提高了中国动物疫病监测及信息处理的工作效率。

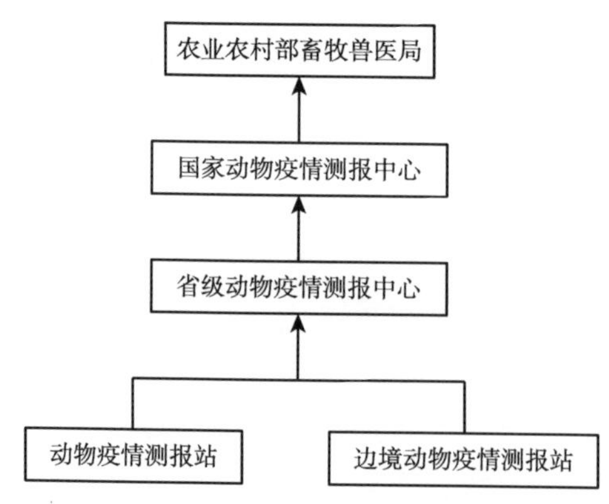

图 9－14　中国动物疫情监测网络

数据来源：作者根据资料整理。

近年来，中国各级动物疫病防控机构不断加大各种监测工作的培训与应用，使得中国动物疫病监测技术由单一的抗体监测进化到免疫效果评估监测、病原分子跟踪监测、病原学监测等多种技术，显著地提升了动物防疫工作水平；中国动物疫病监测覆盖范围十分广泛，监测动物疫病包括口蹄疫、高致病性禽流感、猪链球菌病、猪瘟、狂犬病等，监测对象包括猪、牛、羊、鸡等多种畜禽以及观赏动物、部分野生动物等。中国各省（市）都设有一定量的监测网点，其监测范围涉及个体养殖户、规模养殖场、交易市场、动物屠宰场等多个场所。中国每年下发的《国家动物疫病监测计划》规定，全国动物疫病监测要采用国家和地区监测相结合、定点与全面监测相结合、抗体和病原监测相结合的方式，提升监测效率；中国流行病学调查机制逐渐完善，每年针对重大动物疫病防控开展流行病学调查，并且设置专门定点，进行持续性的疫情监测，为全国重大动物疫病预警提供支持。

（三）动物疫病应急管理

十几年来，中国不断发生由重大动物疫病引起的公共卫生事件，并且发生数量、类型以及危害性不断增加，暴露了中国动物疫病防控的薄弱环节，健全针对突发社会事件的应急管理更加迫切。中国经过多年努力，应急管理能力显著增强，逐渐形成了更加完善的应急预案和应急管理体制，建立了应急与预防并重的工作机制。中国重大动物疫病应急管理主要包括四个阶段：应急准备、监测与报告、应急处理与应急恢复（见图 9－15）。应急准备是应急管理的基础环节，主要包括思想准备、制度准备、经费准备、物质准备等；监测与报告是应急管理的预先环节，包括监测分析、流行病学调查、疫情报告、疫情认定、公布与通报；应急处理是应急管理的实战环节，包括启动预案、划定区域、封锁疫区、现场处置以及解除封锁；最后，应急恢复是疫情得到控制进行恢复的关键环节，包括损失评估补偿、重建、心理干预、奖励和问责、总结经验教训等。

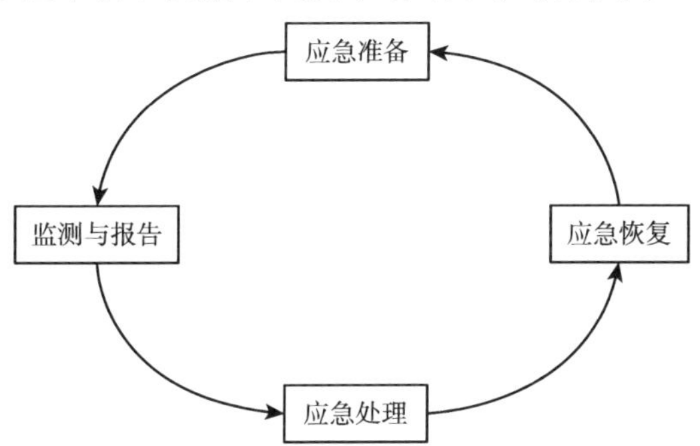

图 9－15　中国重大动物疫病应急管理四个阶段

数据来源：作者根据公开资料整理。

1. 重大动物疫病应急预案

中国重大动物疫病应急管理已经形成了从基层到国家的完善的应急预案体系（见图9-16），按照不同的责任主体共分为5个层次，分别是总体应急预案、专项应急预案、部门应急预案、地方应急预案以及重大活动单项预案，其中前3个为国家级应急预案。总体应急预案主要是指已经颁布的《国家突发公共事件总体应急预案》，对所有发生的社会突发事件有广泛的指导意义；专项应急预案是专门针对突发动物疫病提出的，是指发布的《国家突发重大动物疫情应急预案》，其对动物疫病的预防、监测、报告、处理等方面进行了详细的规划，为重大动物疫病防控提供了有力的指导；部门应急预案十分多样，主要是对单一种类的突发动物疫病的应对方案，目前中国已经出台的部门应急预案包括《高致病性禽流感防控应急预案》《口蹄疫防控应急预案》《高致病性猪蓝耳病防控应急预案》等；地方应急预案是指不同地区政府的重大动物疫病应急预案，湖南、北京、河北、湖北、陕西等多个省（市）及区县都因地制宜地制定了动物疫病应急预案，更好地做好疫情防控工作；重大活动单项应急预案是指为了更好地处理重大活动中突发的动物疫病意外情况而制定的预案，如北京奥运会期间动物疫病防控和动物产品质量安全预案。

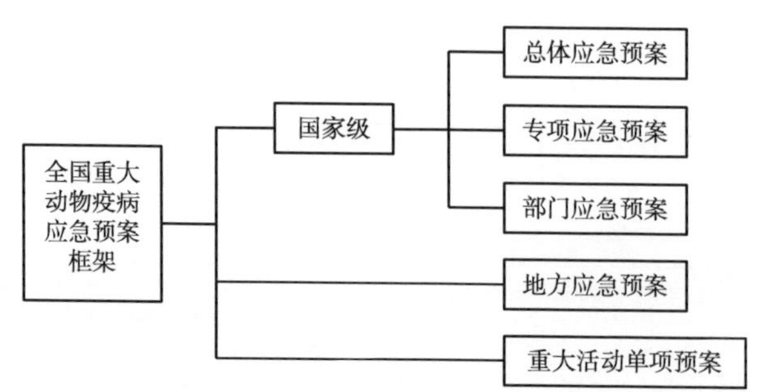

图9-16　中国重大动物疫病应急预案框架

数据来源：作者根据公开资料整理。

2. 重大动物疫病应急管理体制

应急管理活动需要应急管理体制的支持，通过遵循固定的组织体制，管理活动才可做到有章可循。中国重大动物疫病应急管理体制整体由五大系统组成，分别为指挥调度系统、信息管理系统、资源保障系统、处理实施系统和决策辅助系统（见图9－17）。指挥调度系统是重大动物疫病应急管理的关键和核心，是体系中最高的决策机构，主要负责给各支持系统发布命令、组织协调各机构工作、进行总体指挥等；信息管理系统是整个系统的信息交流平台，主要负责应急信息的采集、管理和发布，并且进行信息共享，保障信息传递的安全和畅通，对重大动物疫病进行全方位的监视，实现系统整体高效联动；资源保障系统是整个体系的后备支持，主要负责应急管理过程中人力和物力的保障，进行快速调配、运输、评估以及动态管理资源；处理实施系统是整个体系的实施主力，主要负责执行指挥调度系统下达的命令，处置疫情、启动预案、反馈信息和善后管理；决策辅助系统是整个体系的助力军，主要负责根据信息管理系统提供的信息，进行资源优化配置、预案评估选择、信息分析预警，对应急管理过程中遇到的问题提出解决方案，为指挥调度系统提供支持。

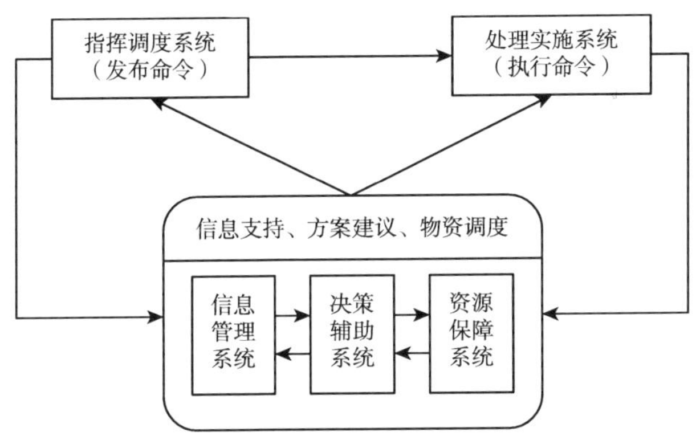

图9－17 重大动物疫病应急管理体制构成

数据来源：作者根据公开资料整理。

（四）动物疫病出入境检疫

近年来，中国经济发展迅速，国家间贸易量越来越大，动物检疫工作更加频繁。出入境检疫工作的实施，一方面可以在一定程度上控制中国动物疫病传播到其他国家，保障国际正常的贸易往来；另一方面可以有效抵御外来的动物疫病，保障国内畜禽产品安全，维护社会的稳定运行，维护国家畜牧业健康发展。近年来，出入境动物检疫工作已经引起中国政府的高度重视，并且取得了一定的进展。目前，中国与朝鲜、蒙古国、巴西、荷兰等国签署了动物检疫和动物卫生合作协定，并且与美国、日本、新西兰等几十个国家签署了输出牛、羊、猪、马等动物以及双边输入的检疫议定书。整体来看，动物疫病出入境检疫工作对中国经济贸易健康发展有着十分重大的意义。

1. 动物疫病入境检疫

（1）入境检疫疫病种类增加。1992 年，中国规定需要进行入境动物及其动物产品检疫的疫病共 97 种，其中一类病 15 种，二类病 82 种。随着动物疫病的不断变化，动物疫病检疫名录也发生了改变。目前，中国实施 2013 年修订的《中华人民共和国进境动物检疫疫病名录》，需检疫的动物疫病按易感动物种类可细分为人畜共患病、猪病、禽病、羊病、牛病等，覆盖动物疫病范围十分广泛。按动物疫病危害程度可分为三类，共 206 种，其中，一类传染病 15 种，二类 147 种，三类 44 种，中国入境动物疫病检疫种类大幅增加。

（2）加强入境疫病风险分析。虽然引进国外优质畜禽品种可改善本地畜禽品种，增加动物数量，提升动物质量，促进畜牧产业快速健康发展，但是一旦传入 A 类动物疫病或外来动物疫病，造成的损失比引进产生的效益要大得多。中国自 20 世纪 90 年代初期就高度重视入境动物风险分析工作，于 1995 年 11 月成立了进境动物风险分析委员会，标志着中国迈出了进境动物及其产品风险分析的第一步。2002 年 4 月，国家质量监督检验检疫总局、国务院相关部门、科研院校以及相关单位的专家共同组成了中国进出境动植物检疫风险分析委员会。同年 12 月，国家质量监督检验检疫总局颁布了《进境动物和动物产品风险分析管理规定》，其适用于生物产品、动物源性饲料、进境动物及其产品、动物病理材料、动物遗传物质的分析。中国动物检疫协作组遵循科学依据、执行或参考国际标准、秉持透明公开等原则辅助国家质量监督检验检疫总局（简称“国家质检总局”）进行检疫和风险分析工作，为中国进口动物及其产品的决策提供依据。

（3）入境检疫程序严格。中国入境动物检疫工作程序主要有8步，分别为动物隔离检疫场许可、进境动物检疫许可证申请、境外产地检疫、受理报检、进境现场检疫、隔离检疫、检疫处理、出证和资料归档（见图9－18）。

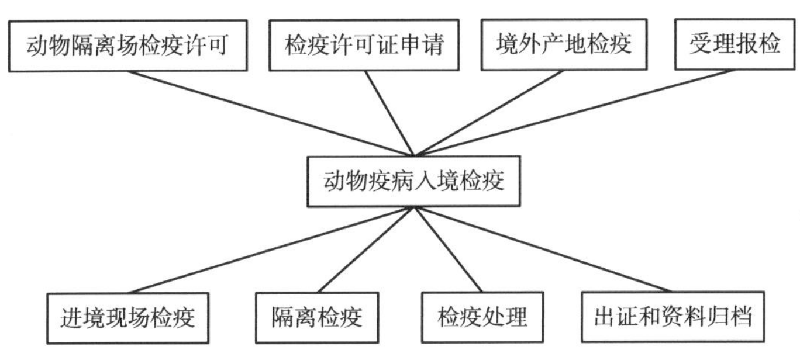

图9－18 中国入境动物检疫程序

数据来源：作者根据公开资料整理。

动物隔离检疫场许可是指进境大中种用动物在国家隔离场进行检疫，其他动物在临时隔离场检疫，并且获得隔离场使用许可。进境动物检疫许可证申请需要在网上填报《进境动植物检疫许可证申请表》，并且向国家质检总局申请《进境动植物检疫许可证》，对审核通过的货主或代理人发给许可证。境外产地检疫是指为了确保引进动物的健康，国家质检总局会派出官方兽医赴动物及其产品输出国执行检疫任务。受理报检是指相关代理人应在动物入境前到隔离场所在地的检验检疫机构报检，伴侣动物报检时必须提供输出国出具的检疫证明和疫苗接种证书。进境现场检疫是指现场检疫人员对动物临床观察和检查、对场地和运输工具消毒、审核动物检疫证书和运输记录、核对货物和证明。隔离检疫是入境动物检疫的重要环节，是指动物入境后需要先在隔离场进行检查检测。隔离期间，隔离场的兽医需要每天对动物进行临床检查，如果发现异常情况，会采取样品进一步检验，并且将结果及时报告给国家质检总局。检疫处理是按照中国与输出国签订的双边协议书对检疫结果进行判定。出证和资料归档是指给现场检疫、隔离检疫和实验室检测结果合格的动物出具合格证明，准予入境；不合格的动物按规定处理，并且在隔离检疫结束一周内将汇总的资料上报给国家质检总局。

2. 动物疫病出境检疫

（1）加大出境检疫监管力度。自中国加入 WTO 以来，境外国家对中国出口动物的检疫要求越来越高，因此，为有效控制疫情发生，检验检疫机关严格指导相关出口企业加强免疫防疫、科学利用饲料和药物，确保出口动物及其产品的安全性。国家质检总局先后颁布了针对活猪、活牛、活羊、活禽等动物的检验检疫管理办法，对出境动物实施全程监管措施。中国出境动物检疫的对象包括供食用、养殖、观赏、科研等多种用途的畜禽、水生动物、两栖动物、野生动物、伴侣动物、观赏动物等。检验检疫机构根据《中华人民共和国进出境动植物检疫法》对出境动物进行检疫。

（2）出境检疫程序严格。中国出境动物检验检疫的程序主要包括注册登记、检疫监督管理、出境报检、隔离检疫和抽样检验、运输监管、离境检疫、签发证单（见图 9－19）。

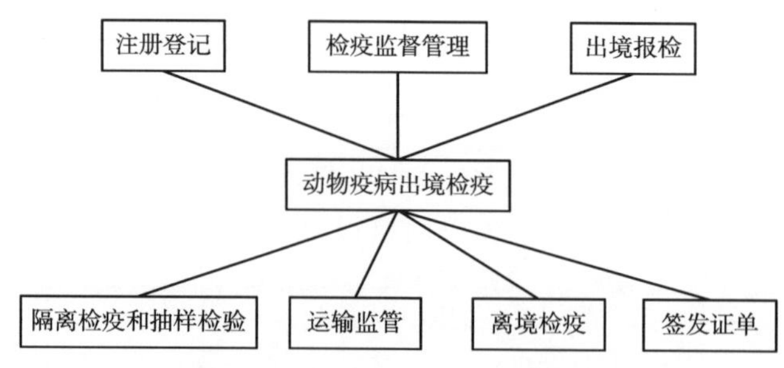

图 9－19　中国出境动物检疫程序

数据来源：作者根据公开资料整理。

注册登记是对出口动物的饲养场、养殖场、养殖基地等出口企业实施卫生注册登记备案制度，评估企业卫生条件，规范提高出口防疫管理水平。注册步骤依次是注册申请、考核批准、年度审核。检验检疫机构依据《中华人民共和国进出境动植物检疫法》对出境动物的饲养过程实施检疫监督管理，主要监督内容包括：对注册饲养场实施疫情监测、对有毒有害物质检测、饲养场将免疫程序报检、饲养场建立疫情报告制度、饲养场保持环境卫生等。出境报检是指相关代理人应在出境前向启运地检疫机构提交有关资料预报检，经机构审核通过的接受报检，否则不予受理。隔离检疫和抽样检验是出境前需要进行隔离检验的动物在检疫机关指定的隔离场实施隔离检疫和临床观察，并且在此期间进行抽样检验。运输监管是检疫合格的出境动物从产地运往出境口岸时，检验检疫机构对相关部门办理出境动物邮递和运输手续实施监装管理。离境检疫是检疫合格的出口动物抵达口岸后，由离境口岸检验检疫机构再次对动物实施复查，主要环节是离境申报和离境查验。签发证单是经离境检验检疫机构查验合格后，在产地检疫机构签发的"动物卫生证书"上加签出境日期、数量、检疫员名称，加盖检验检疫专用章，并且签发"出境货物通关单"。

三、政府防控政策

（一）信息管理政策

中国政府高度重视动物疫病信息管理工作，政策主要从三个方面梳理和传递重大动物疫病信息。一是明确动物疫病报告、通报的原则与要求，推进信息管理工作；二是加强国家动物疫病信息监测平台的建设，准确及时接收重大动物疫病信息；三是及时向外界公布重大动物疫病信息（见图9－20）。

目前，中国并没有形成系统化的重大动物疫病信息管理政策，针对这方面的政策还有待完善。但是，中国出台的部分政策中包含了动物疫病信息管理方面的条款和措施，对动物疫病信息管理有针对性的指导意义。

《国家中长期动物疫病防治规划（2012—2020年）》第六部分能力建

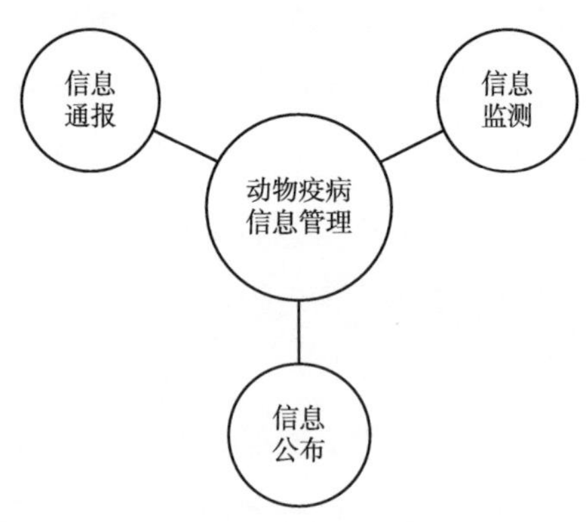

图 9－20　中国动物疫病信息管理政策结构

数据来源：根据公开资料整理。

设中指出，要提升动物疫病防治信息化能力，充分利用现代信息技术，加强中国动物疫病防治信息化建设，提高疫情监测、兽医公共管理、动物标识及疫病可追溯、兽医队伍信息采集等方面的能力，维护动物防疫信息系统的运营和安全；提升动物疫病监测预警能力，建设布局合理的国际动物疫病监测网，构建重大动物疫病原生数据库。

《重大动物疫情应急条例》第一章总则第五条对重大动物疫情出入境信息管理做了明确的规定，指出兽医主管部门要及时统计出入境动物及其产品信息、通报重大动物疫情信息，加强检验检疫工作；第二章应急准备提出，重大动物疫情应急预案的编制要进行充分的信息收集；第三章监测、报告和公布规定，动物防疫监督机构负责重大动物疫情的监测，发生疫情后，应及时将动物疫情信息逐级上报。重大动物疫情由国务院兽医主管部门按照国家规定的程序，及时准确公布，其他任何单位和个人不得公布重大动物疫情。

《中华人民共和国动物防疫法》第三章明确指出了动物疫情的报告、通报和公布措施；第七章对动物疫情信息监督管理做了详细规定。《动物疫情报告管理办法》详细规定了动物疫情报告具体流程，有助于动物疫情信息的及时传达。

（二）应急管理政策

中国出台了许多重大动物疫病应急管理的相关法律，明确了政府和人民在突发疫情事件中相应的权利和义务，有助于及时控制疫情的蔓延。2007 年 8 月 30 日，中国通过了《中华人民共和国突发事件应对法》，确立了六个方面的制度。包括突发事件管理体制、监测和预警制度、预防和应急准备制度、应急处置和救援制度、应急管理社会支持制度和事后恢复与重建制度。此法的出台为中国重大动物疫病应急管理政策制定奠定了基础。2005 年 11 月 16 日，中国颁布了《重大动物疫情应急条例》，对重大动物疫病的应急处理原则、准备、测报和公布、处置措施等方面做了详细的规定。2006 年 2 月 27 日，国务院发布了《国家突发重大动物疫情应急预案》，对全国突发重大动物疫情监测预警、应急组织体系及职责、应急响应和终止、善后处理等做了详细的规定。2017 年 10 月，国务院对《重大动物疫情应急条例》进行了修订，增设了进行重大动物疫病病料采集应当具有与采集病料相适应的动物病原微生物实验室等三方面条件，授权有关部门制定事中事后监管规定；《中华人民共和国动物防疫法》《中华人民共和国动植物检疫法》《国家突发公共事件总体应急预案》等都对重大动物疫病应急管理活动有指导意义。

（三）损害补偿政策

中国畜禽业整体规模大、抗风险能力弱、技术水平低，一旦发生重大动物疫病，极易对社会及经济造成巨大损害。目前，中国还没有形成专门且系统的重大动物疫病补偿政策，但是出台的许多政策中包含疫情补偿条款和措施，在一定程度上可以弥补养殖户的损失，减轻养殖成本，辅助动物防疫措施落地实施。2001 年 5 月，国务院出台了《关于进一步加强动物防疫工作的通知》，文件指出要通过中央地方财政补贴和群众负担结合的方法提供一定的损失补偿。《重大动物疫情应急条例》第三十三条规定，对因采取扑杀、销毁等措施给当事人造成的已经证实的损失，给予合理的补偿；紧急免疫接种和补偿所需费用由中央财政和地方财政分担。2007 年修订的《中华人民共和国动物防疫法》第六十六条明确指出，对在动物疫病预防和控制、扑灭过程中强制扑杀的动物、销毁的动物产品和相关物品，县级以上人民政府应当给予补偿。因依法实施强制免疫造成动物应激死亡的，给予补偿，具体补偿标准和办法由国务院财政部门会同有关部门制定。2016 年农业部和财政部下发《关于调整完善动物疫病防控支持政策的通知》，该文件强调了建立扑杀补助标准动态调整机制和完善扑杀补偿政策，对动物疫病发生的动态损失补偿确定有针对性的指导意义。

为明确重大动物疫病损失补偿规定，中国各省（市）相继出台的动物防疫条例中都包含了损失补偿内容。《天津市动物防疫条例》第二十一条规定，扑杀染疫、疑似染疫的动物和同群动物造成的损失，由动物所有人承担，人民政府给予适当补贴。《江苏省动物防疫条例》第二十四条指出，对在动物疫病预防和控制、扑灭过程中强制扑杀的动物、销毁的动物产品和相关物品，以及因依法实施强制免投造成动物应激死亡的，应当按照国家规定给予补偿。因饲养单位和个人未按照规定实施强制免疫而发生疫情的，动物被扑杀的损失以及处理费用，由饲养单位和个人承担。《上海市动物防疫条例》第七条提出，鼓励养殖场和养殖户参加动物疫病保险，保险机构根据保险合同提供承保范围内的损失赔偿。

四、政府防控问题

（一）兽医管理机制不健全，专业人才不足

中国兽医工作没有统一的管理机构，由多个部门共同合作，各部门工作十分松散，职能重叠，职责不清，很难进行统一的管理，造成严重的资源浪费和管理效率低下，进而导致中国兽医管理体制运行不顺畅；财政投入严重不足，导致中国兽医管理部门出现的问题不能有效解决，管理工作

无法全面展开。

在实际工作中，许多基层兽医人员缺乏对兽医管理体制和机构的认知，出现职能淡化、执行力低下的问题，从而导致兽医管理工作不能全面落实到位。据相关资料统计，中国县乡畜牧服务体系中40岁以上的兽医占比将近50%，兽医队伍呈现老龄化趋势。另外，中国兽医队伍整体文化水平和技术水平都相对较低，大部分基层兽医工作者没有接受过专业的系统学习，掌握的兽医知识十分有限，而现有的兽医工作人员却缺乏进一步进修和培训的机会，知识老化严重。由于中国兽医行业福利少、声望低、工作辛苦、工资低等，大部分兽医相关专业的年轻毕业生选择转行，不愿意从事兽医行业，进一步加大了兽医队伍的缺口。这些情况都表明，中国兽医行业缺乏完善的用人机制，对高学历和高技术的人才缺乏吸引力，导致畜牧兽医人才需求量和现有量严重失衡，阻碍中国畜牧业的健康发展。

（二）监测信息分析不到位，基础保障不完善

中国动物疫病监测工作为动物疫病防控提供必要的数据支持，为措施的制定提供现实依据。目前，中国动物疫病监测报告缺乏时效性，疫情信息不准确且更新较慢，监测和预警严重脱节。同时，中国对动物疫病监测结果分析严重不足，大部分监测只局限于收集疫情信息，缺乏统计学上的分析，很难实现动物疫病的预报预警。中国大部分省份并未将监测经费纳入财政预算，而是捆绑在动物疫病防控经费中，造成用于监测的经费所占比重极小，难以满足实际工作需要；中国动物疫病监测机构中设施设备等基础设施更新换代缓慢、功能较落后、维护困难，同时，监测试剂经常出现质量良莠不齐和供应短缺的问题，不能满足当前动物疫病监测工作的需要。中国动物疫病监测队伍人员结构不合理，年轻、专业的技术人员占比较少，新老技术人员之间不能做到有效衔接，技术提升难以跟上动物疫病的发展，导致大部分监测人员积极性不高，监测工作进展缓慢。

（三）应急准备不充分，恢复机制不健全

由于动物疫病的突发性和不可预见性，中国动物疫病应急防控部门存在侥幸心理，平时忽略疫情防控的重要性，风险管理意识薄弱，只重治疗而轻防控，等到疫情暴发时才采取措施。同时，中国应急队伍储备不足，学历层次低、结构不合理、知识面覆盖窄，尤其是技术人员更加匮乏；应急队伍还存在不稳定的问题，人员经常变动。防疫应急物资存在管理不健全、采购标准不一、制度不适用等问题，尽管每年中国政府都会对动物疫病应急管理进行拨款，但是由于各省（市）的重视程度和经济水平不同，整体经费投入仍有欠缺，长期供应并不稳定。由于多种原因，许多地区对应急演练的态度十分消极，只停留在口头上，真正实地演练的次数屈指可数，导致应急预备队成员执行力弱、素质较低、经验匮乏，一旦发生重大动物疫病，很难保证快速有效地反映和处置。

虽然对病畜扑杀、无害化处理、疫苗等应急物资会给予一定程度的专项资金补贴，但是，针对突发动物疫病缺乏专门的储备金制度，以致防控措施不能马上到位；动物疫病扑杀补偿政策覆盖面不够全面，部分危害性严重的动物疫病没有相应的补偿保证，而且感染动物相关的产品销毁也没有相应的补贴；扑杀补偿标准远低于扑杀动物的实际价值，但补偿属于定额赔偿，不能随意更改，不能完全弥补养殖户的损失，所以往往在扑杀和无害化处理中受到很大的阻碍；扑杀补偿款的下放需要很长的审批周期，往往养殖户拿到补偿款需要 1 年左右，严重影响重大动物疫病应急管理的时效性。

（四）出入境检疫技术水平低，相关规定不完善

出入境动物检疫实验室检测能力是一个国家或地区保障本国动物及其产品外贸健康发展的关键，中国出入境检疫实验室基础设施、人员质量、动物疫病检疫评估水平都有待提升。首先，中国实验室基础设施相对老旧，更新换代慢，难以支撑动物疫病检疫技术的升级；其次，中国出入境

动物检疫队伍年轻精英人才较少，检疫知识相对落后；最后，实验室对外来动物疫病没有做好充分的技术准备，抵抗能力较弱，出入境检疫信息化技术水平较低，动物疫病出入境检疫国际间的交流合作较少，获取国外最新检疫技术、措施等相关信息速度较慢。

目前，中国利用信息的水平远不及发达国家，跨境动物疫病信息处理只局限于收集与报告，预警分析需要进一步加强；尽管已经出台了《中华人民共和国进出境动植物检疫法》《中华人民共和国进出境动植物检疫法实施条例》等法律法规，但是对外来动物疫病的危害性预估不足，没有制定与入侵动物疫病检疫相关的法律制度，对于入侵动物疫病的防控仅仅依靠扑杀手段。由于对入侵动物疫病的了解程度较低，往往检疫不出入侵动物疫病，导致其在中国蔓延传播。由于缺乏对入侵动物疫病的有效防控措施，其传播速度一般较快，严重影响中国畜牧业的健康发展。

（五）动物疫病防控政策不完善，防控保障性较低

虽然已经颁布了《中华人民共和国动物防疫法》《重大动物疫情应急管理条例》《兽药管理条例》《执业兽医管理办法》等相关疫情防控政策，但是政策更新慢，动物疫病防控政策覆盖面有待完善。首先，中国动物疫病发生流行呈波动性变化，然而，防控政策更新缓慢，不能满足不同动物疫病的防控需要，导致防控效率较低。其次，中国动物疫病防控政策修订较宽泛，针对动物疫病防控不同环节规划不够细致，在动物疫病信息管理、出入境检疫等方面没有专门的政策规定，相关举措缺乏保障，最后，中国只对口蹄疫、高致病性禽流感、高致病性猪蓝耳病、狂犬病等危害性较高的动物疫病制定了防治规划，对其他动物疫病防控缺乏相应政策指导，防控政策覆盖范围有待完善，应进一步提升防控保障水平。

五、小结

政府是中国重大动物疫病防控体系中重要的主体，本节主要介绍了中

国重大动物疫病公共风险政府防控体系基本情况、支持系统、防控政策和防控存在的问题，对整体政府防控体系进行了详细的分析。

整体来看，中国政府对重大动物疫病防控给予了高度的重视，无论是在资金投入、政策保障、系统支持、工作实施等方面都有一套较完备的体系。中国各省（市）都设置了一定的动物疫病防控机构，各机构之间环环相扣，是疫情防控的重要力量，但是仍存在管理漏洞。虽然中国动物疫病防控资金和基础设施投入有所增加，但是仍有欠缺，从业人员仍相对较少。本节还从兽医管理体制、动物疫病监测预警、动物疫病出入境检疫和动物疫病应急管理四个方面详细介绍了中国动物疫病政府防控体系的不同环节的具体情况，指出中国动物疫病政府防控体系的完备性仍有欠缺。同时，本节分析了动物疫病政府防控的相关政策，进一步证明中国动物疫病政府防控体系的严谨性。

通过对政府整体防控体系的分析，进一步揭示出了政府防控存在 5 个方面的问题，分别为：兽医管理机制不健全，专业人才不足；监测信息分析不到位，基础保障不完善；应急准备不充分，恢复机制不健全；出入境检疫技术水平低，法律法规不完善；动物疫病防控政策不完善，防控保障性较低。

| 第十章 |

中国重大动物疫病公共风险防控政策选择

第一节 研究结论

1998年以来，中国相继在省、地、县、乡建立了四级动物疫病报告体系及有关单位和个人报告疫情的制度；此外，还建设了包括国家级与省级动物疫病测报中心、动物疫病测报站与边境动物疫病监测站及相关技术支撑单位组成的国家动物疫病检测体系。动物疫病报告体系与疫情检测体系为中国重大动物疫病公共危机管理提供了必要的信息支持，发挥了显著的效果。而在如今大数据信息化的时代背景下，对重大动物疫病公共危机传播过程中信息数据（疫情潜伏环节数据、暴发环节数据、演化环节数据、响应环节数据）进行收集、存储，构建重大动物疫病公共危机大数据平台框架（包含重大动物疫病潜伏、疫病暴发、舆情演化、应急响应4个环节的疫病检测系统、疫情上报系统、损害评估系统、应急管理系统、舆情检测系统、管理决策系统6个系统），应用案例分析法、实现重大动物疫病公共危机管理在信息处理方法上的创新，创新建立高效、灵敏的重大动物疫病应急指挥平台等举措能够进一步提高重大动物疫病预警预报的可靠程度和应急指挥调度的合理科学性，为有效防控重大动物疫病公共危机，确保社会和经济平稳运行以及为人民群众健康提供有效的保障。

一、以政府统筹作为主导，监管能力成为关键点

基于前景理论，政府控制疫情信息能力成为控制动物疫病扩大的重点，有效的政府防控措施能激发社会公众理性消费，增进社会公众和养殖户的理性防控行为方式，促进社会公众对疫情发生和感知的理性行为决策，由此可见政府监管能力是控制疫情的关键点。根据 GBS 群体决策行为空间模型也可以看出，政府对疫情信息的控制直接关系到养殖户和社会公众对政府的信任程度，由此通过优化决策价值函数和决策权重函数，降低社会公众和养殖户对疫情事件的敏感性，充分调动养殖户和社会公众应对动物疫病风险的积极性。在风险防控与风险认知过程中，增加风险事件特征信息内容、风险预期发生情况以及政府控制信息能力三方面维度分析，优化群体行为决策空间，提升政府监管疫情能力，完成疫情防控目标。

二、以养殖户管理为支撑，防治与反馈是转折点

通过案例分析发现，重大动物风险事件发生时，养殖户以自身利益为主要出发点，主动处理染病动物能力较差，致使染病动物及动物产品在市场上流通，增加社会公众风险，严重威胁社会稳定，增加社会经济损失，造成不可挽回后果。因此如何积极调控养殖户成为突发动物疫病的难点，首先需要政府保证养殖户得到恰当的补偿款与补贴，完善重大动物疫病扑杀机制建设；其次必须加强养殖户防控知识宣传教育，尤其是法律文件内容，避免出现养殖户隐瞒不报的现象，控制群体行为空间的扩张；最后要

推进养殖户防疫技术学习以及防控药品等手段的学习，发挥技术时效性，将科学技能发挥最大优势，缓解突发动物疫病损失，及时制止疫情负面影响。

三、以舆论宣传作为媒介，网络平台成为潜力点

突发动物疫病信息的传递能够提高养殖户、政府、社会公众对疫情风险态度和认知，掌握全面完善且准确的疫情信息成为控制疫情的重大潜力点。随着媒体信息渠道的增加，从传统媒体模式的报纸、电视、期刊，转化为互联网的微博、微信和网页，信息得到了更加及时、有效地传播，利益相关者能更好地把握动物疫病的趋势，掌握疫情事件的主动权，拥有对动物疫病风险的判断能力，降低突发动物疫病突发事件的过度敏感性，从而稳定社会经济、减少不利影响。

四、以公众反应作为连接，认识与决策为控制点

面对突发动物疫病公共风险，社会公众作为疫情信息的接受者，普遍存在对疫情防控知识的了解较少，应对突发公共事件的能力较差的问题。在畜禽动物发生的疫情中，社会公众不直接接触养殖过程，一旦感染病毒就会给自身健康造成巨大危害，因此有效控制社会公众也成为防控重要手段之一。通过多元 Logistic 模型分析可知，媒体舆论信息的数量与效果并不是正相关的，应该维持在正常的承受范围内，不要使信息过量，给社会公众对疫情风险的认知造负担，进而产生反向效果。政府权威的确认和补偿机制，是给社会公众的定心丸，能够增加社会公众的安全感，降低风险的敏感程度，缩小 GBS 模型群体决策行为空间，降低社会公众对疫情风险的恐惧，保障社会公众切身利益。

第二节　中国重大动物疫病公共风险防控政策选择建议

一、采用“专门专项”的方针，明确管理部门职责

从宏观的长远角度出发，中国需要构建一个合理且全面的突发动物疫病防控决策体系，即成立专门“重大动物疫病管理指导中心”或“重大动物疫病防控调查委员会”等机构，专业处理突发动物诸多事项，采用“专门专项”方针政策，分层次、多角度对动物疫病进行研究，减少疫情扩散的时间，尽快找到疫情产生的原因，降低社会损失。同时也能克服当前多部门管理、分工杂乱、职能交叉等问题，解决有责无权和权责不对称现象。这项政策的实施，既是国家对重大动物疫病风险管理中高效、统一和精简的必然要求，也是降低时间损耗、节约人力成本和资源有效配置的科学体现。因此，需要抓紧建立人医和兽医一体化的“专门专项”防疫体系，优化动物疫病的监管模式，确保国家重大动物疫病政府疫病防控工作达到“上下贯通、运转高效，指挥有力”的效果，上通政府，下达养殖户，也有助于国家动物防疫网络的形成。

二、健全动物防疫工作制度，优化动物疫病监管模式

在建立明确的动物疫病管理部门基础上，一是要完善动物疫病防疫体系建设，在细化分工的情况下，制定合理有效的防疫制度，充分落实到各村落集体中的养殖户，保障基层防疫工作正常有序进行，确保防疫工作可操作性强、可执行能力好的特点。二是要加强基层团体防疫工作者的责任意识，可以采用奖励机制，增强工作者的积极性，端正工作态度，所谓“一分耕耘一分收获”，定期核查工作人员工作能力，考核结果直接与工资

挂钩。三是政府要组织专家团队定期走访调查，这不仅能够及时发现基层团体工作不足，还有助于提供新的动物防疫知识和技术，更新养殖工作者知识储备，避免疫情发生时惊慌现象。四是要加强动物疫病法制宣传，加强对染病动物管控，遏制其流入市场进行循环，从源头保证动物流通的安全性和社会公众健康，防治疫情扩大蔓延。

三、增加动物防疫财政投入，引进和吸引优秀人才、设备

政府预算的增加对动物疫病防控有着至关重要的影响。首先政府相关动物卫生检疫部门要购买更为先进、精确的设备，减少监测误差，同时还可以引进高水平人才，通过疫苗的研发、病毒分析，提出科学的疫情处理办法。其次要增加养殖户的防疫补贴，这不仅在一定程度上保证了养殖户真实报告疫情信息并积极主动投入防控疫情中，还有助于政府及时掌握疫情，确定专项研究组织对突发动物疫病进行监测，防治疫情流入市场，这也大大降低了社会公众接触染病动物的概率，保障了社会稳定。

四、完善媒体信息管理体系，营造良好舆论环境

完善突发动物疫病法律法规是对养殖户、社会公众以及媒体利益的保障，全面的法律政策能够为利益主体提供一个更好的发展空间，尤其是有利于养殖户及时报告疫情信息、动态内容以及实施预防、监管措施，进一步加强对养殖户防疫技术培养、防疫知识教育以及紧急处理措施，打消养殖户为利益隐瞒不报的顾虑，减轻养殖产业防疫压力。

对于媒体而言，正规的舆论环境能够及时传达政府信息，缓解社会公众恐慌，媒体舆论信息的管控法律也是重中之重，对消除突发动物疫病危害有积极的推动作用。因此，中国需要明确媒体信息管理体系，构建完善

的管理法规，确保媒体对于重大信息能能够做到“及时、高效、准确”，充分实现重大动物疫病信息预报防控功能。同时这也有助于社会公众对整合疫情信息的判断，进而降低社会整体损失。

五、提高专业人员素质，构建高水平防疫团队

专业人员综合素质决定了动物疫病控制的成效。因此要妥善处理好动物疫病，就要建设一支高水平的动物防疫人才队伍。从政府部门到各地动物防疫站都应该着重人才队伍建设，不断引进高科技素质人才，严格筛选考察，进行岗前培训，确保每位在岗人员的专业素养，这要求其不仅需要多样的理论知识的支撑，还需要操作能力的配合和过硬的专业技术。专业技术人才建设的必要前提是必须熟悉动物疫病相关的法律法规等制度章程，严格按照政策要求开展各项活动，保证防疫工作进行的专业化、科学化、标准化。

六、确立动物疫病信息系统，构建防疫网络体系

对于养殖户而言，时时刻刻需要学习并掌握防疫知识的内容，包括疫情的特点、规模、扩散程度，都与养殖户有不可磨灭的联系。通常情况下，重大动物疫病的发生都是突发性的，多数疫情养殖户都未曾见过，养殖主体的自身经验、知识素养以及对疫情种类的推测，都对疫情的控制和社会损失的程度都有至关重要的作用，因此确立全面的疫病信息系统，健全防疫网络体系，通过疫病信息的筛查，准确了解疫病信息，能够弥补养殖户自身经验的缺失，有利于养殖户对突发重大动物疫病风险作出正确的判断，第一时间控制疫情，提高养殖户风险的紧急处理能力，降低养殖户经济损失，保证社会公共安全。

七、普及公众动物防疫知识，构建防疫知识体系

社会公众防疫知识教育是一项重要内容，首先，社会公众群体基数较大，易感人群多，疫情在公众传播不可控因素较多；其次，近些年人兽共患病种类增加，病毒传染给人类概率增加，在加强养殖户防疫的同时，随着畜禽产品流向市场，接触人群社会公众群体暴露在疫情风险之中，一旦暴发危害极大；最后，社会公众对动物风险事件的知识储备较少，突发疫情时重视程度不够，无法准确判断错过最佳救助时机。因此，整合多方面疫病信息系统，构建社会公众防疫知识体系，在一定程度上能够减少社会恐慌，采用防疫知识对疫情进行理性判断，选择理性消费行为，缓和社会经济损失，稳定社会秩序。

八、加强重大动物疫病公共风险防控

（一）加强公共安全治理，保障公共卫生安全

加强公共卫生安全治理，保障公共卫生安全，是包括中国在内的国际社会的共识。党的十九大报告指出，坚持总体国家安全观，要求“统筹应对传统和非传统安全威胁”。今天，我们更需要建设性地通过总体国家安全观，在以下几个方面去审视公共卫生安全问题。

1. 考虑将公共卫生安全纳入国家安全治理体系之中

美国于 1999 年将公共卫生安全提升至国家安全战略层面，并认为要赢得国际竞争，提升公共卫生的安全治理能力十分重要。在当前全球传染病频发的公共卫生安全挑战之下，中国应树立起“公共卫生安全”的理念，切实落实好公共卫生安全的内容，并将公共卫生安全纳入国家安全战略，作为国家主权和安全的重要组成部分。

2. 扩大公共卫生安全的国际交往合作

中国应充分利用“一带一路”这一重要的国际交往合作平台，加强同

“一带一路”沿线国家合作，共同应对重大公共卫生安全挑战，促进相关产业发展，此外在与沿线国家的交流合作中也要注重相关方面人才培养，助力“一带一路”建设成为一条“健康之路”，加强与相关国家之间的公共卫生安全领域的研究合作，共同应对全球公共卫生安全风险。

3. 要多方合力助推公共安全治理能力提升

要基于法学、政治学、公共卫生经济学、行为科学、伦理学等多学科视角开展公共卫生和传染病法律政策研究，为公共卫生安全提供学术方面支持。提升专业人才联合培养能力，进一步加强政府机构与私营机构民间组织的合作，强化医疗机构公共卫生管理，提高公共卫生安全专业队伍能力，提升公共卫生安全治理能力水平。

（二）提升公众决策能力，降低重大动物疫病的公共风险

构建高效的疫病信息系统，建立防疫教育体系。防疫知识的教育内容涉及两部分，一是养殖户防疫内容的教育，二是社会公众防疫措施的教育。两部分相互影响、作用。对于养殖户而言，确立疫病信息系统，构建防疫知识体系，有利于养殖户对突发重大动物疫病风险事件的判断，培养风险的紧急处理能力。

（三）推行新的重大动物疫病防控机制

各地在重大动物疫病的风险评估状况与风险管理方面存在较大差异，如何发挥地方政府因地制宜的优势进行风险评估是防控重大动物疫病的关键，为此要在强化地方政府职能的同时充分发挥行业协会的作用，调动其参与重大动物疫病风险管理与风险评估的积极性，此外要加强公共群众对疫情风险管理的参与程度，加强与社会公众有关重大动物疫病的风险沟通，广泛发挥社会力量，群防群控，形成以重大动物疫病风险防控为主要依据，政府主导、行业协会协同、社会公众广泛参与的重大动物疫病风险防控体制机制。

（四）建立权威风险评估机构

2007 年，为健全中国动物卫生风险评估体系，农业部成立全国动物卫生风险评估专家委员会，其下设办公室于中国动物卫生与流行病学中心，作为委员会的常设办事机构。全国动物卫生风险评估专家委员会为相应兽医、畜牧（含水产）、食品、医疗卫生和生物安全等方面的专家组成，为中国动物卫生风险评估规划、重大动物疫病的风险评估工作以及完善动物疫病的控制手段发挥了重要的作用。然而中国尚未成立专门的针对全国重大动物疫病的风险评估机构，中国的重大动物疫病防控工作尚未明确重大动物疫病防控体系的机构设置，风险管理的模式在动物疫病的防控过程中相对薄弱。

分析各国的动物疫病防控制度，中国应借鉴国外先进的经验做法，整合分散的动物疫病防控相关的人力、物力资源，构筑起独立专业的重大动物疫病风险评估机构，充分发挥政府的职能，加强重大动物疫病的风险管理，实现重大动物疫病风险管理与风险评估的相对独立，使风险评估机构可以专业、独立、科学地对重大动物疫病状况进行风险评估，更好地发挥其自身的职能，在全国范围内分区域建立分属独立的疫情风险评估机构，进而建立起独立高效、运转完备的重大动物疫病风险评估体系，为重大动物疫病的防控聚力精准施策。

（五）充分利用大数据信息平台，预防应对疫情风险

1. 筛选疫情数据信息，构筑群防群控防线

重大动物疫病大数据信息至关重要，由各级政府和医疗机构通过互联网和大数据组织，有针对性地对具体状况进行直接有效的网上问诊、信息收集、跟踪互动或许是一件极其值得尝试的行动。要发挥互联网、大数据、群众运动的优势，开展大范围、个性化的群防群控是关键。社会各界在这个过程中要准确清晰传达官方对于疫情的重视程度，严肃对待疫情传

播渠道，通过大数据对受重大动物疫病影响的潜在人群进行初步筛选，用互联网技术低成本地将线上问诊平台送达海量低风险人群，再通过平台利用收集到的大数据，进一步锁定高风险目标人群，通过群防群控观念的传达形成自我填报和交相互动的态势，低成本、大范围地提早识别接触风险，有效锁定高风险目标人群，构筑群防群治的严密防线。

2. 搭建城市级统一数据服务平台

要建立基于数据的危机预警模型，完善基于数据的分析决策机制，搭建重大动物疫病城市级统一数据服务平台，完善疫情数据信息发布机制，在疫情和舆情相互交织的复杂局面下，精确翔实的数据归集和实时准确的信息发布显得尤为重要，群众对信息公开程度的要求更加具体，为此建议搭建城市级统一数据服务平台，在已有的省级平台的基础上，具体完善市级疫情数据平台，并充分体现市级平台城市治理的特点，互为补充、相互兼容，形成全国—省（自治区、直辖市）—市（县、区）的三级治理体系。

3. 厘清政府专家风险沟通范围

将防控政策决策的基础由“科学因果”放松为“科学相关”关系，当专家共同体基于科学分析暂时没有对疫情风险做出确定性因果关系结论时，政府可以基于疫情发展与某些因素的相关关系做出临时性或前瞻性的防控措施。此外要注意做好基于预防原则的风险沟通工作，疫情发生时，不仅仅要向公众公开透明公布相关信息，而且应该重视与风险中易忽视群体的沟通工作，不应当以害怕恐慌为由而漠视和放任这些群体的风险模式行为，同时对于可能引发风险夸大效应的谣言要及时做好辟谣沟通工作，让专家而非官员多出来进行沟通和科普，多用具体细节和科学精神来说服公众，从而对疫情风险的认知水平处于一个既不夸大也不忽视的合理范围，积极应对疫情风险。

4. 强化应急状态下数据动员能力

大数据时代，面对突发公共危机，我们不仅需要强大的人员、物资和财富的动员及调动能力，更需要强大的数据利用和整合能力，而且这个能力越早介入，费效比越低。数据的多寡、好坏、开发利用能力的强弱会直接影响防控疫情和服务民众能力。要通过立法合理配置应急状态下的数权，确保在必要情况下，关键数据能够被安全合法地使用。可以参考等级响应机制，建立分级使用机制，并引入第三方社会力量监督，避免数据被滥用。随着我们搜集数据和运用数据的能力的增强，全国各个地区都紧密地联系在这个数据网络中，数据和对其适当的分析已然成为人类征服疾病的重要力量。

（六）加大重大动物疫病风险评估研究力度与人才培养力度

如前所述，就目前有关中国重大动物疫病风险评估体系的研究来看，理论研究、管理体制机制研究、相关政策法规研究、风险评估机构设置研究等许多方面尚处于初步阶段，诸多事关重大动物疫病风险评估的关键研究的成果较少，为此，要进一步加强对这些关键方面的研究力度，尽快完善开展重大动物疫病风险评估的研究课题，加强重大动物疫病风险评估的理论基础与应用体系建设，充分借鉴国外先进的研究成果与经验，转化成为中国先进的研究基础。

而人才的培养是实现中国重大动物疫病风险评估体系完善的基础，为此建议要组织建立相关学科，强化这一方面的专业人才培养，积极开展国际间的学术交流，将“引进来”与“走出去”相结合，培养一批专业化的重大动物疫病风险评估队伍，为实现重大动物疫病的防控贡献人才力量。

九、完善风险利益主体政策选择

（一）政府防控的优化措施

1. 健全兽医管理体制，培养专业人才

中国兽医管理体制面临管理工作不到位、人才缺乏、管理机构不健全

等问题，因此兽医管理体制优化改革是当前十分重要的一项任务。一是各省（市）兽医主管部门应将兽医管理上下级部门和同级部门之间的职责规划清楚，上级兽医管理部门对下级兽医管理部门负有指导审批的职责，下级部门需要听从指挥，上下联动。同级部门之间需要各司其职，职能合理配置，进而保障各项兽医工作按程序进行。二是增设兽医管理奖惩制度，提高兽医管理工作人员责任感，促使其提升自身素养，认识到自身职责的重要性，按照规章制度执行工作，保证自己环节不失误，从而促进兽医行业健康发展。三是财政部要加大兽医管理资金投入，可设立兽医管理专项资金并且纳入财政预算，确保足额专项拨付，保证专款专用。同时，对各种兽医管理机构的人员和设施提供相应的资金支持，保证工作的实施。四是加大对兽医专业人才的培养，扩大学校兽医专业的招生名额，提升兽医从业人员的薪酬和福利水平，吸引更多年轻人选择兽医行业。五是相关机构单位需要定期组织兽医从业人员参加培训或外出交流学习，打开眼界、增长见识，带动兽医行业的创新发展。

2. 建立监测信息分析部门，增加基础保障投入

防范动物疫病的发生可以通过早期的监测预警实现，这将在极大程度上减少动物疫病带来的危害和损失。提升动物疫病监测预警防控效果可通过完善监测基础设施、完善疫情信息处理等方式实现，其中疫情数据信息处理分析是核心。完善疫情监测基础设施保障，各省（市）兽医主管部门和监督机构需要投入更多的资金，更新老旧设备，吸纳更多的人才，保障监测所需试剂的供应，推动监测工作的开展。中国动物疫病预防控制中心和各省（市）相应机构应建立专门的监测信息分析部门，将中国动物疫病监测预警的重点由信息收集转化为信息收集与信息分析并重，在分析评估的时候，为了防止动物疫病早期信号被忽视，各省（市）动物疫病监督机构可以建立合理的风险评估机制，将智能化手段运用到疫情风险分析中，运用各种模型计算动物疫病的风险情况，进而提前采取相应的预防措施。同时，可将养殖户上报信息和政府监测信息结合起来，并且定期对检疫信

息进行检查和更新分析。

3. 完善应急准备工作，健全应急恢复机制

动物疫病发生初期，很难针对疫病的影响范围进行准确预测，只能通过风险预测启动不同级别的应急管理措施。

第一，保障应急准备的投入，中国各疫情防控机构都应建立应急管理长效人才队伍，可采用专业队伍与志愿队伍结合的方式共同训练，提升应急管理效率。各省（市）政府可在一般动物防疫经费的基础上，预留一定的比例用作应急管理储备金，以应对新一轮动物疫病的发生。购买充足的防护设备、消毒设备、扑杀机械等应急准备物资，做到有备无患。

第二，健全风险防范化解机制，提升兽医从业人员对疫情风险的重视度。各省（市）人民政府应根据动物疫病的流行趋势和防控效果，按照需要及时调整应急预案。如果动物疫病越来越严重，需要进一步升级应急预案；反之，减弱应急预案。要将应急预案中每项工作细化到位，地方政府在应急管理实际工作中起核心作用，其他机构或部门积极进行协助，合作完成应急工作。基层应急管理部门应保证每年定期开展应急演练工作，发现应急预案实施过程中出现的问题，及时进行完善，保证在动物疫病应急管理实际操作中不会出现差错。

第三，强化应急管理技术支撑，国务院应带头鼓励应急管理技术创新，可设立应急管理技术创新奖，每年颁发一次，提升技术研发吸引力。

第四，完善应急恢复机制，国务院应提高疫病扑杀补贴标准、扩大疫病补贴范围、制定专项动物疫病恢复补偿政策，并且向下逐层落实。各省（市）人民政府应简化补偿款审批流程，缩小动物疫病补偿款审批时间。

4. 举办国际检疫技术交流活动，完善检疫法律规定

中国动物疫病进出口检疫存在法律法规不完善、技术水平和国际信息化水平较低等问题，需要相应的优化策略进行完善。一是国务院应健全动物疫病出入境检疫的法律法规，对需要进行出入境检疫动物的种类、日龄、重量、区域化管理等方面规定进行更新，实行分类管理，在不同的分类中确定

所需检疫方法和步骤，提升出入境动物检疫的效率。还应在法律规定中增加风险分析条款，防止其他国家对中国贸易设置障碍，增加引种管理条款，防控生物入侵。二是各动物疫病防控机构应定期组织员工培训和外派学习，每隔一段时间为员工请专家进行培训讲座，学习了解最新检测技术。筛选优秀员工给予外派学习机会，学习其他国家动物疫病出入境检测工作的先进技术，回国后进一步传播学习。三是农业农村部畜牧兽医局每年可举办国际出入境检疫技术交流会，使相关工作人员了解各国动物疫病出入境检疫的最新信息，发现优点进行学习。四是保证检疫信息的透明化，促进国际间的交流合作。五是充分学习国外先进动物疫病信息化系统，对跨境动物疫病进行预警分析。六是各省（市）兽医主管部门应及时将检疫实验室的器械设备进行更新，以支撑动物疫病检疫技术升级后的使用。

5. 制定有针对性的防控政策，保证各方面有法可依

国务院应紧密结合动物疫病的流行情况和实际的防控水平，以科学的监测结果为基础，制定完善的防控政策，同时要定期及时地对政策进行更新和调整。一是制定动物疫病信息管理、出入境检疫等方面专门的政策，在动物疫病信息管理方面，对负责机构、信息收集、信息分析、信息上报、信息公布进行详细规定。二是在出入境检疫方面，详细规定出入境检疫种类、所属部门、检疫证明申请等。三是对动物疫病防控的预防、通报、控制、检疫不同环节制定详细的政策规定。因为不同动物疫病危害、影响相差较大，所以需要对尚没有防治规划的动物疫病进行进一步完善制定，保证动物疫病防控不同方面有法可依。

（二）养殖户防控的优化措施

1. 参与防控奖励活动

养殖户可以参与政府制定的动物疫病防控奖励活动，奖励金额按照区级、市级、省级、国家级四个级别递增，针对不同疫情，分别设立不同的奖励标准，奖金可以大大弥补养殖户疫情防控所投入的资金。养殖户防控

资金投入越多，防控手段措施越健全，可以申报越高级别的奖励金，申报的奖励金不可以叠加，即若养殖户疫情防控投入达到国家级标准，可以同时申报四个级别的奖励金，最终由各级政府审批筛选，以最高级别为最终结果。通过疫情防控奖励活动，可以大大提升养殖户防控的积极性，加大资金投入，控制疫情的发生。

2. 制订完备的免疫计划

一是养殖户可根据实际情况，依靠专业人才制订合理的免疫计划，制订计划时需要结合疫情复杂性和流行态势。二是养殖户需要对畜群进行抗体监测，确定最佳的免疫时期。还需要统一采购、保存和使用合格的疫苗，有计划地进行免疫注射，同时，要重视疫苗配比用量，提升免疫效果。三是定期对畜舍、运输工具、周围环境、进出人员等进行严格的消毒，降低病毒传播风险。四是可以建立防疫管理档案，及时掌握整体免疫情况。

3. 定期组织针对性的宣传和培训

通过电视、村广播等方式加强对动物疫病防控工作的宣传，增加养殖户对疫情风险的认知。相关疫情防控机构可定期组织开展动物疫病防控知识的培训活动，运用养殖户易理解的方式进行授课，如看视频、案例介绍、技术示范等，使养殖户从理论和实践两个方面了解动物疫病风险及其防控技术，进而提升防控的积极性。在进行宣传培训时，要有针对性，提升培训效率。对于新手养殖户主要进行基础知识与技术的讲解宣传，而针对资深养殖户，基础知识已经不能满足需求，需要更高层次的培训支撑。

4. 扩大养殖户损失补贴范围

各省（市）政府可根据动物疫病危害情况，按照中央财政的要求，进一步细化补助标准，合理扩大损失补助范围。将部分危害性较大但不符合之前补贴标准的动物疫病纳入新的补贴范围，按要求提供相应的补贴。政府不应该只针对动物扑杀、无害化处理提供补贴，而是应该更客观地衡量养殖户设施损失情况、药物和畜苗购买情况、饲料废弃情况等，给予相应的补贴，在很大程度上弥补养殖户的损失，提高其防控的意愿。

附　　录

附录1　重大动物疫病公众问卷调查

近些年重大动物疫病的频繁发生，对社会公共生产与生活产生了巨大的影响，也增加了人们对疫情紧张与不安的心理状态。由此，该问卷旨在疫情暴发之后，调查公众的认知与行为决策。

一、个人基本情况

1. 您的性别：(　　)

A. 男　　B. 女

2. 您的年龄：(　　)

A. 20 岁以下　　B. 20 ~ 40 岁　　C. 40 ~ 60 岁　　D. 60 岁以上

3. 您的工作性质：(　　)

A. 政府单位　　B. 事业单位

C. 科研院校　　D. 个体经营

E. 务农　　F. 打工

G. 医生（包括兽医）　　H. 其他

4. 您的文化程度：(　　)

A. 小学及以下　　B. 初中　　C. 高中　　D. 大中专

E. 本科及以上

5. 您的家庭成员数量：(　　)

A. 1 人　　B. 2 人　　C. 3 人　　D. 4 人

E. 5 人　　F. 6 人以上

6. 您的收入情况：(　　)

A. 42000 元以下　　B. 42000 ~ 60000 元

C. 60000 ~ 96000 元　　D. 100000 元以上

二、风险认知情况

1. 您了解的重大动物疫病：(　　)

A. 非洲猪瘟　B. 口蹄疫　C. 禽流感　D. 炭疽

E. 大肠杆菌病　F. Q 热　G. 狂犬病

2. 您了解的疫病传播途径：(　　)

A. 空气飞沫传播　B. 接触传播　C. 虫媒传播　D. 唾液传播

E. 食物传播　F. 垂直传播

3. 您了解的疫情预防方式：(　　)

A. 不接触活禽市场　B. 注意个人卫生

C. 食物高温杀菌　D. 接种疫苗

E. 宠物安全

4. 您通过哪些途径了解的疫情：(　　)

A. 电视　B. 网络　C. 书籍　D. 报纸杂志

E. 专家意见　F. 政府公告　G. 朋友亲属

5. 您了解多少疫情带来的影响：(　　)

A. 危机人民身体健康　B. 造成经济损失

C. 引起社会恐慌　D. 肉价下降迅速

6. 您了解的疫情产生的原因：(　　)

A. 食用未煮熟携带疾病动物　B. 接触传染性疾病动物

C. 被携带疾病动物舔舐伤口或咬伤　D. 吸入携带疾病的飞沫

7. 您认为肉类质量安全状况一般处于哪种等级(在对应位置下画"√"，后同)：

	非常安全	比较安全	不知道	不太安全	非常安全
猪肉					
羊肉					
牛肉					
鸡肉					

8. 您认为动物疫病的发生会不会对肉类质量安全产生影响：(　　)

A. 肯定会　　B. 会　　C. 不知道　　D. 不会

E. 肯定不会

9. 您认为肉类质量安全问题是以下哪些环节造成的？(　　)(可多选)

A. 饲养环节　　B. 加工环节　　C. 销售环节　　D. 屠宰环节

E. 其他

10. 您是否担心疫病导致肉类不安全，对健康产生长期危害：(　　)

A. 肯定担心　　B. 担心　　C. 不明显　　D. 不担心

E. 肯定不担心

11. 疫情发生时，您是否担心买到染病肉类，导致家人生病：(　　)

A. 肯定担心　　B. 担心　　C. 不明显　　D. 不担心

E. 肯定不担心

12. 疫情发生时，您购买肉类是否担心亲友、朋友对自己有看法：(　　)

A. 肯定担心　　B. 担心　　C. 不明显　　D. 不担心

E. 肯定不担心

13. 疫情发生时，您要花较多时间辨别肉类安全性，浪费时间：(　　)

A. 肯定担心　　B. 担心　　C. 不明显　　D. 不担心

E. 肯定不担心

14. 疫情发生时，您是否会因肉类安全性难以判断而感到不安：(　　)

A. 肯定担心　　B. 担心　　C. 不明显　　D. 不担心

E. 肯定不担心

三、风险决策情况

1. 您接触动物的原因：(　　)

A. 食用　　B. 喜好　　C. 工作　　D. 钱财

2. 您在购买肉类主要考虑的原因是：(　　)(单选)

A. 自身需求　　B. 肉类价格　　C. 安全程度　　D. 店家熟悉程度

E. 他人的购买情况

3. 您购买肉类频率：（　　）

A. 每天多次　B. 每天一次　C. 三天一次　D. 五天一次

E. 一周一次　F. 一月一次

4. 您家里平均一月吃多少斤肉类？（　　）

A. 5~10斤　B. 10~15斤　C. 15~20斤　D. 20~25斤

E. 25斤以上

5. 其中您平时买哪些肉类：（　　）（可多选）

A. 猪肉　B. 羊肉　C. 牛肉　D. 鸡肉

6. 若第5题选A，请回答。您一月吃多少斤猪肉：（　　）

A. 1~5斤　B. 10~15斤　C. 15~20斤　D. 20斤以上

7. 若第5题选B，请回答。您一月吃多少羊肉：（　　）

A. 1~5斤　B. 10~15斤　C. 15~20斤　D. 20斤以上

8. 若第5题选C，请回答。您一月吃多少牛肉：（　　）

A. 1~5斤　B. 10~15斤　C. 15~20斤　D. 20斤以上

9. 若第5题选D，请回答。您一月吃多少鸡肉：（　　）

A. 1~5斤　B. 10~15斤　C. 15~20斤　D. 20斤以上

10. 您是否喜好使用未全熟的肉类或乳制品：（　　）

A. 非常喜欢　B. 喜欢　C. 随意　D. 不喜欢

E. 非常不喜欢

11. 疫情发生时，您是否会继续使用肉类或乳制品：（　　）

A. 肯定会　B. 会　C. 不会　D. 肯定不会

12. 疫情发生时，您是否会减少对肉类或乳制品的购买：（　　）

A. 肯定会　B. 会　C. 不明显　D. 不会

E. 肯定不会

13. 疫情在当地发现时是否会影响个人对肉类的购买行为：（　　）

A. 肯定会　B. 会　C. 不明显　D. 不会

E. 肯定不会

14. 疫情发生时，您是否会关注周围人的做法：(　　)

A. 肯定会　　B. 会　　C. 不明显　　D. 不会

E. 肯定不会

15. 疫情发生时，您是否会根据自身经验去仔细检验肉类是否可以使用：(　　)

A. 肯定会　　B. 会　　C. 不明显　　D. 不会

E. 肯定不会

16. 疫情发生时，您是否会去网上搜集相关知识而判断肉类可食用性：(　　)

A. 肯定会　　B. 会　　C. 不明显　　D. 不会

E. 肯定不会

17. 疫情发生时，您对以下渠道信息的关注程度：

	电视	网络	书籍	专家	政府	亲友
非常关注						
关注						
不关注						
非常不关注						

18. 疫情发生时，您会选择更注重哪些方面的信息：

	非常注重	比较注重	不注重	非常不注重
相关组织对疫情防控效果				
食品安全评估结果				
养殖户调整产业结构能力				
养殖户行业自律能力				
政府对疫情监督与应急管理手段				
媒体对疫情信息的及时披露能力				
公共媒体对防疫知识传播能力				

四、风险规避行为

1. 疫情发生时，您是否会搜集相关信息，仔细辨别肉类的健康性：（　　）

A. 肯定会　B. 会　C. 不明显　D. 不会

E. 肯定不会

2. 疫情发生时，您是否会选择购买正品肉类：（　　）

A. 肯定会　B. 会　C. 不明显　D. 不会

E. 肯定不会

3. 疫情发生时，您是否会选择去正规肉类销售点购买肉类：（　　）

A. 肯定会　B. 会　C. 不明显　D. 不会

E. 肯定不会

4. 疫情发生时，您是否会选择去熟悉的肉店购买肉类：（　　）

A. 肯定会　B. 会　C. 不明显　D. 不会

E. 肯定不会

5. 疫情发生时，您是否会去大型超市购买肉类：（　　）

A. 肯定会　B. 会　C. 不明显　D. 不会

E. 肯定不会

6. 疫情发生时，您是否会购买有质量认证标识的肉类：（　　）

A. 肯定会　B. 会　C. 不明显　D. 不会

E. 肯定不会

7. 疫情发生时，您是否会注重烹饪方式，增加食用肉类的安全性：（　　）

A. 肯定会　B. 会　C. 不明显　D. 不会

E. 肯定不会

8. 疫情发生时，您是否会减少肉类消费，等疫情结束再食用：（　　）

A. 肯定会　B. 会　C. 不明显　D. 不会

E. 肯定不会

9. 疫情发生时，您是否会将疫情信息告诉亲友：（　　）

A. 肯定会　　B. 会　　C. 不明显　　D. 不会

E. 肯定不会

附录2　中国家禽养殖户防控行为影响因素调查问卷

1. 禽流感暴发风险下，您是否采取防控行为：(　　)

A. 是　　B. 否

2. 您家家禽疫苗注射频率为：(　　)

A. 不注射　　B. 一周一次　　C. 半个月一次　　D. 一个月一次

E. 半年一次　　F. 一年一次

3. 您家禽舍清扫消毒频率是：(　　)

A. 每天　　B. 一周一次　　C. 半个月一次　　D. 一个月一次

4. 当禽流感疫情暴发时，您家配合扑杀禽类数量占比为：(　　)

A. 0%～30%　　B. 31%～50%　　C. 51%～80%　　D. 80%以上

一、个体特征情况

5. 您的年龄为：(　　)

A. 25岁以下　　B. 25～35岁　　C. 35～45岁　　D. 45岁以上

6. 您的学历为：(　　)

A. 小学及以下　　B. 初中　　C. 高中　　D. 大专及以上

7. 您家年均总收入为：(　　)

A. 5000元及以下　　B. 5001～15000元

C. 15001～25000元　　D. 25001～50000元

E. 50000元以上

8. 您家养殖收入占总收入比重为：(　　)

A. 30%以下　　B. 30%～50%

C. 50%～70%　　D. 70%以上

二、养殖特征情况

9. 您养殖家禽的年限为：(　　)

A. 5 年及以下　B. 5 ~ 10 年　C. 10 ~ 15 年　D. 15 年以上

10. 您家养殖规模为：(　　)

A. 1000 只及以下　B. 1000 ~ 3000 只

C. 3001 ~ 5000 只　D. 5000 只以上

11. （多选）您家家禽养殖种类为：(　　)

A. 蛋鸡　B. 肉鸡　C. 观赏鸡　D. 蛋鸭

E. 肉鸭　F. 肉鹅　G. 其他

12. 您家平均每只家禽防疫资金投入为________元。

13. 您家是否购买养殖保险：(　　)

A. 是　B. 否

14. 您家禽苗的产地是：(　　)

A. 国内　B. 国外

15. 您家家禽养殖是否有专业兽医指导：(　　)

A. 是　B. 否

16. 您家家禽养殖是否制订免疫计划：(　　)

A. 是　B. 否

三、疫情认知情况

17. 您家禽流感疫情经历情况为：(　　)

A. 没经历过　B. 经历过 1 次

C. 经历过 2 次　D. 经历过 3 次及以上

18. 您对家禽疫病防控知识的了解程度为：(　　)

A. 完全不了解　B. 了解不多　C. 一般　D. 了解较多

E. 非常了解

19. 您认为采取家禽疫情防控措施的效果是：(　　)

A. 效果差　B. 效果一般　C. 效果较好　D. 效果非常好

20. 您认为禽流感疫情的风险为：（　　）

A. 风险较小　B. 风险一般　C. 风险较大　D. 风险非常大

四、外部环境认知情况

21. 当发生禽流感疫情时，您申请技术服务便利性为：（　　）

A. 非常不方便　B. 较不方便　C. 一般　D. 较方便

E. 非常方便

22. （多选）在禽流感疫情风险下，您获取疫情及防疫信息的渠道为：（　　）

A. 以往经验　B. 其他养殖户　C. 亲朋好友　D. 电视

E. 政府信息　F. 报纸　G. 相关专家

23. 禽流感疫情发生时，您家接受的政府损失补贴金额为：（　　）

A. 500 元以下　B. 500～1500 元　C. 1500～3000 元　D. 3000 元以上

五、政策执行情况

24. 您家家禽疫情防控政策的执行情况为：（　　）

A. 执行较差　B. 执行一般　C. 执行较好　D. 执行很好

附录3 畜禽养殖户重大动物疫病风险认知与风险评估影响因素调查问卷

一、您的基本信息情况

1. 性别：（ ）

A. 男 B. 女

2. 年龄：（ ）

A. 18～25岁 B. 26～35岁 C. 36～45岁 D. 46～60岁

E. 60岁以上

3. 学历：（ ）

A. 初中及其以下 B. 高中或中专

C. 大专或本科 D. 研究生及其以上

4. 家庭人口数：（ ）

A. 1名 B. 2名 C. 3名 D. 4名

E. 5名 F. 6名及以上

5. 家庭平均月收入：（ ）

A. 1800元以下 B. 1800～3500元

C. 3500～5000元 D. 5000～7500元

E. 7500元以上

二、风险认知特征

6. （多选）您是通过什么渠道了解重大动物疫病信息的：（ ）

A. 政府部门 B. 合作社、公司

C. 网络、电视及媒体报道 D. 同行间交流

E. 其他

7. （多选）您是如何判断养殖场出现重大动物疫病的：（　　）

A. 畜禽出现疫情状态　　B. 畜禽出现死亡情况

C. 社会畜禽疫情暴发　　D. 其他

8. 当养殖场出现重大动物疫病时您会采取什么措施：（　　）

A. 自行处理　　B. 寻求同行帮助

C. 上报防疫部门　　D. 其他

9. 中重大动物疫病造成的后果，您有什么认识：（　　）

A. 疫情仅会危及本养殖场，不会对其他养殖场造成影响

B. 只要有疫苗、药物的注射，就能及时控制疫情蔓延

C. 如果防控措施不及时，会具有严重的社会危害性

10. （多选）政府针对重大动物疫病的防控，平时都开展过哪些活动：（　　）

A. 调查畜禽存栏出栏量的变化　　B. 提供免疫设施

C. 发放以轻补贴与赔偿资金　　D. 合理配置村级兽医与防疫员

E. 监督疫情防控措施的落实　　F. 其他

11. 您对于采取疫情防控措施的意愿：（　　）

A. 非常愿意　　B. 比较愿意

C. 一般　　D. 不愿意

E. 非常不愿意

12. 对政府疫情防控政策的了解程度：（　　）

A. 非常了解　　B. 了解　　C. 一般　　D. 不了解

E. 完全不了解

13. 您认为目前本养殖场重大动物疫病防控存在哪些问题：（　　）

A. 防控经费不足　　B. 缺乏展业技术人员

C. 扑杀补贴标准低　　D. 畜禽养殖方式落后，防控难度大

E. 基层防疫力量薄弱　　F. 对疫情认知不足

G. 其他

三、风险评估影响因素

14. 疫病的传染速度：(　　)

A. 毫无影响　B. 有较小影响　C. 有影响　D. 有较大影响

E. 有很大影响

15. 疫病导致的畜禽死亡情况：(　　)

A. 毫无影响　B. 有较小影响　C. 有影响　D. 有较大影响

E. 有很大影响

16. 疫病的传播/传染方式：(　　)

A. 毫无影响　B. 有较小影响　C. 有影响　D. 有较大影响

E. 有很大影响

17. 电视上对动物疫病的报道：(　　)

A. 毫无影响　B. 有较小影响　C. 有影响　D. 有较大影响

E. 有很大影响

18. 报纸上对动物疫病的报道：(　　)

A. 毫无影响　B. 有较小影响　C. 有影响　D. 有较大影响

E. 有很大影响

19. 疫病导致畜禽价格变化情况：(　　)

A. 毫无影响　B. 有较小影响　C. 有影响　D. 有较大影响

E. 有很大影响

20. 疫病导致的畜禽产品价格变化情况：(　　)

A. 毫无影响　B. 有较小影响　C. 有影响　D. 有较大影响

E. 有很大影响

21. 附近地区畜禽疫病发生情况：(　　)

A. 毫无影响　B. 有较小影响　C. 有影响　D. 有较大影响

E. 有很大影响

22. 周围养殖户饲养的畜禽的疫病发生情况：(　　)

A. 毫无影响　B. 有较小影响　C. 有影响　D. 有较大影响

E. 有很大影响

23. 附近地区生猪、奶牛等其他动物的疫病信息：（　　）

A. 毫无影响　B. 有较小影响　C. 有影响　D. 有较大影响

E. 有很大影响

24. 自身的养殖防疫技术：（　　）

A. 毫无影响　B. 有较小影响　C. 有影响　D. 有较大影响

E. 有很大影响

25. 兽医水平：（　　）

A. 毫无影响　B. 有较小影响　C. 有影响　D. 有较大影响

E. 有很大影响

26. 疫情发生时政府采取的紧急免疫措施：（　　）

A. 毫无影响　B. 有较小影响　C. 有影响　D. 有较大影响

E. 有很大影响

27. 政府开发相关兽药及疫苗的信息：（　　）

A. 毫无影响　B. 有较小影响　C. 有影响　D. 有较大影响

E. 有很大影响

28. 政府控制疫情控制能力：（　　）

A. 毫无影响　B. 有较小影响　C. 有影响　D. 有较大影响

E. 有很大影响

29. 近年政府控制疫情效果：（　　）

A. 毫无影响　B. 有较小影响　C. 有影响　D. 有较大影响

E. 有很大影响

30. 政府紧急免疫措施：（　　）

A. 毫无影响　B. 有较小影响　C. 有影响　D. 有较大影响

E. 有很大影响

参考文献

[1] C. 小阿瑟·威廉斯等. 风险管理与保险 [M]. 马从辉，刘国翰，译. 北京：经济科学出版社，2000.

[2] 蔡丽娟，肖肖，王永玲. 动物疫病防控科技支撑体系研究 [J]. 中国动物检疫，2014 (3)：5－8.

[3] 曹黎明. 公共风险的经济分析：起因、分类及对策 [D]. 江西财经大学，2009.

[4] 陈传波. 中国小农户的风险及风险管理研究 [D]. 华中农业大学，2004.

[5] 陈茂盛，董银果. 动物检疫定量风险评估模型述论 [J]. 世界农业，2006 (6)：52－55.

[6] 陈远章. 转型期中国突发事件社会风险管理研究 [D]. 中南大学，2009.

[7] 崔治中. 我国禽病流行现状与开展科学研究的思考 [J]. 中国家禽，2011，33 (2)：1－3.

[8] 邓俊花，林祥梅，吴绍强. 非洲猪瘟研究新进展 [J]. 中国动物检疫，2017，34 (8)：66－71.

[9] 丁莹. 中国动物疫情公共危机演化机理研究 [D]. 湖南农业大学，2018.

[10] 董传仪，范晓娟. 构建中国特色应急管理体系 应有的基本共识和主体框架 [N]. 中国应急管理报，2019－11－20 (2) .

[11] 段利雅．哈尔滨市阿城区动物疫病防控体系建设研究 [D]．黑龙江大学，2014.

[12] 范丽霞，李谷成．全要素生产率及其在农业领域的研究进展 [J]．当代经济科学 2012 (1)：109－119.

[13] 范钦磊，郑增忍，由佳．加拿大动物卫生风险分析框架的研究 [J]．兽医导刊，2008 (12)：58－59.

[14] 方爱华．畜禽疫病防控存在的问题及应对策略 [J]．农民致富之友，2018 (22)：205.

[15] 方航，田仁明．重大动物疫病防控问题浅析 [J]．中国动物检疫，2011，28 (5)：23－25.

[16] 冯冠胜．农业风险管理中政府介入问题研究 [D]．浙江大学，2004.

[17] 高集云．我国稳步推进兽医管理体制改革 [J]．动物保健，2006 (10)：4－7，34.

[18] 戈胜强，李金明，任炜杰，张志诚，徐天刚，王淑娟，包静月，曹静娴，吴晓东，王志亮．非洲猪瘟在俄罗斯的流行与研究现状 [J]．微生物学通报，2017，44 (12)：3067－3076.

[19] 耿大立．美国和加拿大高致病性禽流感防控经验及启示 [J]．中国动物检疫，2008 (4)：38－39.

[20] 关鑫．基于水—能源—粮食关联性的粮食安全研究 [D]．中国农业科学院，2019.

[21] 郭小平，秦志希．风险传播的悖论——论“风险社会”视域下的新闻报道 [J]．江淮论坛，2006 (2)：129－133.

[22] 郭晓亭，蒲勇健，林略．风险概念及其数量刻画 [J]．数量经济技术经济研究，2004 (2)：111－115.

[23] 国家减灾委员会办公室．国家突发重大动物疫情紧急救援手册 [M]．北京：中国社会出版社，2009.

[24] 何莹，李鹏. 我国兽医管理体制中存在的弊端及解决措施 [J]. 吉林畜牧兽医，2006 (2)：1 – 3.

[25] 何忠伟，刘芳，罗丽. 动物疫情公共危机演化规律及其政策研究——以北京市为例 [M]. 北京：中国农业出版社，2016.

[26] 何忠伟，罗丽，刘芳. 养殖户畜禽疫病防控水平及其影响因素分析 [J]. 湖南农业大学学报（社会科学版），2016，17 (1)：22 – 25.

[27] 胡卫中，龚弈予，赵凌霄，丁洁. 城市消费者猪肉风险认知及对策研究 [J]. 中国畜牧杂志，2008 (4)：46 – 49.

[28] 黄德林. 中国畜牧业区域化、规模化及动物疫病损失特征和补贴的实证研究 [D]. 中国农业科学院，2004.

[29] 黄泽颖，王济民. 我国禽流感相关防控政策演变与展望 [J]. 中国畜牧杂志，2015，51 (4)：9 – 13 + 19.

[30] 黄智. 动物疫病防控措施及其对养殖户的影响 [J]. 吉林农业，2018 (15)：74.

[31] 姜秀莉. 无规定动物疫病区建设研究 [D]. 天津大学，2010.

[32] 节青青，朱佳. 禽流感的 SIR 模型研究——以北京市为例 [J]. 科技信息，2012 (6)：157 – 158.

[33] 金太军. 政府公共危机管理失灵：内在机理与消解路径——基于风险社会视域 [J]. 学术月刊，2011 (9)：5 – 13.

[34] 金熙. 动物疫情公共危机中政府对农户行为引导研究 [D]. 湖南农业大学，2018.

[35] 李峰，沈惠璋，刘尚亮，张聪. 基于认知方式差异的公共危机事件下恐慌易感性实证分析 [J]. 科技管理研究，2010，11.

[36] 李汉林，孙立平，李路路，渠敬东. 关于完善突发性事件应对机制的思考 [J]. 中国经贸导刊，2008 (9)：9 – 10.

[37] 李俊. 适应新常态 开创新局面——关于动物疫病预防控制工作的思考 [J]. 中国兽医杂志，2016，52 (8)：122 – 124.

[38] 李燕凌，陈冬林，凌云．农村公共危机形成机理及治理机制研究［J］．农业经济，2005（1）：13－15.

[39] 李园园．动物疫病预防控制机构能力要素研究［D］．内蒙古农业大学，2012.

[40] 李志宏，王海燕，白雪．基于网络媒介的突发性公共危机信息传播的仿真和管理对策研究［J］．公共管理学报，2010，7（1）：85－93.

[41] 李滋睿．我国重大动物疫病区划研究［D］．中国农业科学院，2010.

[42] 李子菲，刘芳，何忠伟．我国口蹄疫流行情况及其防控对策［J］．科技和产业，2019（12）：15－20.

[43] 梁毅．动物疫情测报方法研究与系统实现［D］．中国农业科学院，2013.

[44] 林博文．我国重大动物疫情防控存在的问题及对策［J］．乡村科技，2018（17）：37－38.

[45] 刘芳．我国动物疫病净化长效机制的研究［D］．内蒙古农业大学，2012.

[46] 刘杰．动物卫生应急管理体系研究［D］．内蒙古农业大学，2010.

[47] 刘瑞鹏．动物疫情风险下养殖户经济损失评价研究［D］．西北农林科技大学，2012.

[48] 刘先勇，李晓雪，万小玲．重大动物疫情应急管理体系建设思考［J］．中国畜牧业，2012（21）：68－69.

[49] 罗伯特·希斯．危机管理［M］．北京：中信出版社，2004.

[50] 罗丽．重大动物疫情公共危机中养殖户防控行为研究［D］．北京农学院，2016.

[51] 马文·拉桑德．风险评估：理论、方法与应用［M］．北京：清华大学出版社，2013.

[52] 梅雨婷，刘芳，何忠伟. 北京畜禽产品质量安全保障分析与展望 [J]. 农业展望，2019 (6)：45 - 49.

[53] 梅雨婷，刘芳，何忠伟. 中国 H7N9 动物疫情防控现状及对策 [J]. 农业展望，2019 (8)：65 - 70.

[54] 苗维进. 论中国政府危机管理体系的构建和完善 [J]. 郑州牧业工程高等专科学校学报，2004，24 (2)：110 - 111.

[55] 彭国甫，李树丞，盛明科. 应用层次分析法确定政府绩效评估指标权重研究 [J]. 中国软科学，2004 (6)：136 - 139.

[56] 彭珂珊. 新时期确保国家粮食安全的思考 [J]. 粮食经济研究，2018，4 (1)：1 - 16.

[57] 浦华. 动物疫病防控的经济学分析 [D]. 中国农业科学院，2007.

[58] 浦华，王济民. 发达国家如何防控重大动物疫病 [J]. 四川畜牧兽医，2009，36 (9)：11 - 12 + 14.

[59] 沙勇志，解志元. 论公共危机的协同治理 [J]. 中国行政管理，2010 (4)：73 - 77.

[60] 孙向东，刘拥军，王幼明. 动物疫病风险分析 [M]. 北京：中国农业出版社，2015.

[61] 谭莹. 我国生猪生产效率及补贴政策评价 [J]. 华南农业大学学报，2010 (3)：84 - 90.

[62] 唐赛，王韬杰，王子泰. 三大主粮价格波动对粮食安全影响的实证研究 [J]. 黑龙江社会科学，2019 (2)：7 - 14.

[63] 陶嘉. 论《SPS 协议》中的风险评估问题 [D]. 吉林大学，2008.

[64] 王大为. 粮食安全视角下的粮食储备与粮食价格问题研究 [D]. 中国农业科学院，2018.

[65] 王功民，吴威，李琦，张银田，宋晓晖，李秀峰，李长友，蔺

东，梁全顺，王滨，吴志明，徐辉，施秋艳，张强．重大动物疫病应急管理 [J]．中国动物检疫，2014，31 (4)：1－3.

[66] 王健．动物疫情公共危机善后处理机制研究 [D]．湖南农业大学，2018.

[67] 王小雷．河南省动物疫病监测预警机制的建立 [D]．河南农业大学，2012.

[68] 王新霞，孙太行．有效防控禽流感需要完善行政补偿制度 [J]．社科纵横，2006.

[69] 王延兵．政府应对公共危机的策略与方法 [J]．学术论坛，2009：51－53.

[70] 王永春，王秀东．改革开放40年中国粮食安全国际合作发展及展望 [J]．农业经济问题，2018 (11)：70－77.

[71] 乌尔里希·贝克教授访谈录 [J]．马克思主义与现实，2005 (1)：44－55.

[72] 乌尔里希·贝克．什么是全球化 [M]．上海：华东师范大学出版社，2008.

[73] 乌尔里希·贝克．世界风险社会 [M]．吴英姿，孙淑敏，译．南京：南京大学出版社，2001：137.

[74] 吴佳俊，曹翠萍，赵婷，付要，王赫．美国突发动物疫情的应急管理 [J]．浙江畜牧兽医，2010，35 (2)：7－9.

[75] 吴林海，王淑娴，徐玲玲．可追溯食品市场消费需求研究——以可追溯猪肉为例 [J]．公共管理学报，2013，10 (3)：119－128＋142－14.

[76] 肖冰．《SPS 协议》的规范价值与法律实效研究 [J]．中外法学，2002，14 (2)：240－256.

[77] 谢晓非，徐联仓．风险认知研究概况及理论框架 [J]．心理学动态，1995 (2)：17－22.

[78] 谢晓非，徐联仓．公众在风险认知中的偏差 [J]．心理学动态，

1996（2）：23－26.

［79］徐丹．湖南省重大动物疫情应急管理研究［D］．湖南大学，2018.

［80］徐伟楠，刘芳，何忠伟．国际进口动物与动物产品风险评估经验及启示［J］．农业展望，2019（11）：21－26.

［81］徐伟楠，刘芳，何忠伟．中国非洲猪瘟疫情影响分析及其防控对策［J］．农业展望，2018（12）：54－59.

［82］徐宜可．“一带一路”沿线国家粮食安全问题的法律保障比较［J］．世界农业，2018（12）：81－85.

［83］薛亮．动物疫情信息上报系统的开发及应用［D］．东北农业大学，2013.

［84］薛晓源，刘国良．全球风险世界：现在与未来——德国著名社会学家、风险社会理论创始人．

［85］闫振宇．基于风险沟通的重大动物疫情应急管理完善研究［D］．华中农业大学，2012.

［86］闫振宇，陶建平，徐家鹏．养殖农户报告动物疫情行为意愿及影响因素分析——以湖北地区养殖农户为例［J］．中国农业大学学报，2012，17（3）．

［87］姚晚春．疫情补偿政策对养殖户防控行为影响研究［D］．西北农林科技大学，2017.

［88］叶瑜敏．媒体在公共危机管理中的角色与功能——公共管理视角［J］．兰州学刊，2010（11）：32－34.

［89］一、二、三类动物疫病病种名录［OL/EB］．http：//www.foodmate.net/law/qita/174549.html．2012.

［90］曾伟，罗辉．地方政府管理学［M］．北京：北京大学出版社，2006.

［91］曾伟，罗辉．地方政府管理学［M］，北京：北京大学出版社，

2006: 3.

[92] 张成福. 公共危机管理: 全面整合的模式与中国的战略选择 [J]. 中国行政管理, 2003 (7): 6-11.

[93] 张桂新. 动物疫情风险下养殖户防控行为研究 [D]. 西北农林科技大学, 2013.

[94] 张海明, 曹蓝. 猪繁殖与呼吸综合征流行现状 [J]. 中国猪业, 2011, 5 (8): 17-20.

[95] 张华颖, 刘芳, 徐伟楠, 何忠伟. 基于模糊评价法的禽流感病毒 H7N9 疫情主体作用机制研究 [J]. 畜牧与兽医, 2020 (1): 141-147.

[96] 张蛟龙. 全球粮食安全治理 [D]. 外交学院, 2019.

[97] 张鲁安, 付雯, 兰邹然, 杜建. 我国动物疫病防控工作中存在的问题及建议 [J]. 中国动物检疫, 2012, 29 (7).

[98] 张泉, 王余丁, 崔和瑞. 禽流感对中国经济产生的影响及启示 [J]. 中国农学通报, 2006, 22 (3): 449-452.

[99] 张淑霞, 陆迁. 禽流感暴发造成的养殖户经济损失评价及补偿政策分析 [J]. 山东农业大学学报 (社会科学版), 2013 (1): 53-57.

[100] 张应良, 侯欢, 孔立. 省域视角下粮食安全问题再探究 [J]. 贵州大学学报 (社会科学版), 2019, 37 (5): 23-31.

[101] 赵德明. 我国重大动物疫情防控策略的分析 [J]. 中国农业科技. 2006 (5): 1-4.

[102] 赵吴琼, 李小玲, 杨丽, 李凡, 韩非儿, 唐三一. H7N9 禽流感发病率主要影响因素的探究 [J]. 数学的实践与认识, 2018, 48 (18): 188-200.

[103] 赵语慧. 论非政府组织参与公共危机管理的途径 [J]. 山东行政学院学报, 2012 (5): 47-48+64.

[104] 中国统计年鉴. 中华人民共和国国家统计局.

[105] 中华人民共和国农业部. 兽医公报 [OL/EB]. http: //

www. moa. gov. cn/zwllm/tzgg/gb/sygb .

[106] 周妍. 动物疫情公共危机中网民风险感知舆情引导研究 [D]. 湖南农业大学, 2018.

[107] 朱满德, 张振, 程国强. 建构新型国家粮食安全观: 全局观、可持续观与全球视野 [J]. 贵州大学学报 (社会科学版), 2018, 36 (6): 27 -33.

[108] 朱永义, 牟秀峰. 我国出入境动物检疫的现状和发展对策 [J]. 农民致富之友, 2013 (20): 215.

[109] Aakko, E. , Wisc. Med. J . Risk communication, risk perception, and public health [J]. 2004.

[110] Anderson P. Complexity theory and organization science [J]. Organization Science, 1999, 10 (3): 216 -232.

[111] Arrow, Kenneth J. Uncertainty and the Welfare Economics of Medical Care [J]. The American Economic Review, 1963, 53 (5): 94 ~ 97. Perception of risk [J]. Slovic P. Science . 1987.

[112] Dufour B, Mouton F. Economic analysis of the modification of the French system of foot and mouth disease control [J]. Ann. Med Vet, 1994 (2): 97 -105.

[113] Gollier C. The economics of risk and time [M]. The MIT Press, the second edition. 2004.

[114] Gramig, B. M, B. J Barnett, J. R. Skees, J. R. Black. Incentive Compatibility in Risk Management of Contagious Livestock Diseases [M]. CABI Publishing . 2006.

[115] Hennessy D A. Behavioral incentives, equilibrium endemic disease, and health management policy for farmed animals [J]. American Journal of Agricultural economics, 2007 (893): 698 -711.

[116] JOHN HH. Hiden order: How adaptation builds complexity [M].

Boston: Addlson – Wesley publishing Company, 1995: 333 –335.

[117] Kahneman D, Tversky A. Econometrica . Prospect theory: an analysis of decision under risk [M]. 1979.

[118] Mahul O. Durand B. Simulated economic consequences of FMD epidemics and their public control in France [J]. Preventive veterinary medicine, 2000 (47): 23 –38.

[119] Nielsen S B. Benefit – cost analysis of the current African swine fever eradication program in Spain and of an accelerated program [J]. Preventive Veterinary Medicine, 1993 (17): 235 –249.

[120] OIE. Meeting of the OIE International Animal Health Code Commission [EB/OL]. (1991 –03 –24) [2011 – 12 – 17]. http: //www. oie. int/international – standard – setting/specialistscommissions – groups/code – commission – reports/.

[121] Philipson. Economic Epidemiology and Infectious Diseases [J]. NBER working Paper, 1999: 7037 .

[122] Schudel A A, Carrillo B J, Weber E L, et al. Risk assessment and surveillance for bovine spongiform encephalopathy (BSE) in Argentina [J]. Preventive Veterinary Medicine, 1996, 25 (3 –4) : 271 –284.

[123] Sutmoller P, Wrathall A E. A quantitative assessment of the risk of transmission of foot – and – mouth disease, bluetongue and vesicular stomatitis by embryo transfer in cattle [J]. Preventive Veterinary Medicine, 1997, 32: 111 –132.

[124] U. Beck. Risk Society [M]. Longdon, Sage Publication, 1992.

[125] Uriel Rosenthal, Michael T Charles, Paul T Hart. Coping with Crises: The Management of Disasters, Riots and Terrorism [J]. Springfield. 1989.